#수학첫단계
#리더공부비법
#개념과연산을한번에
#학원에서검증된문제집

수학리더
개념

Chunjae
Makes
Chunjae

▼

기획총괄	박금옥
편집개발	윤경옥, 박초아, 조은영, 김연정, 김수정,
	김유림, 남태희, 임희정, 이혜지, 최민주
디자인총괄	김희정
표지디자인	윤순미, 박민정
내지디자인	박희춘
제작	황성진, 조규영

발행일	2022년 8월 15일 3판 2024년 9월 1일 3쇄
발행인	(주)천재교육
주소	서울시 금천구 가산로9길 54
신고번호	제2001-000018호
고객센터	1577-0902
교재 구입 문의	1522-5566

수학 리더

개념 6-1

BOOK 1

개념 기본서 차례

이 책의 구성과 특징

Book 1

개념 기본서

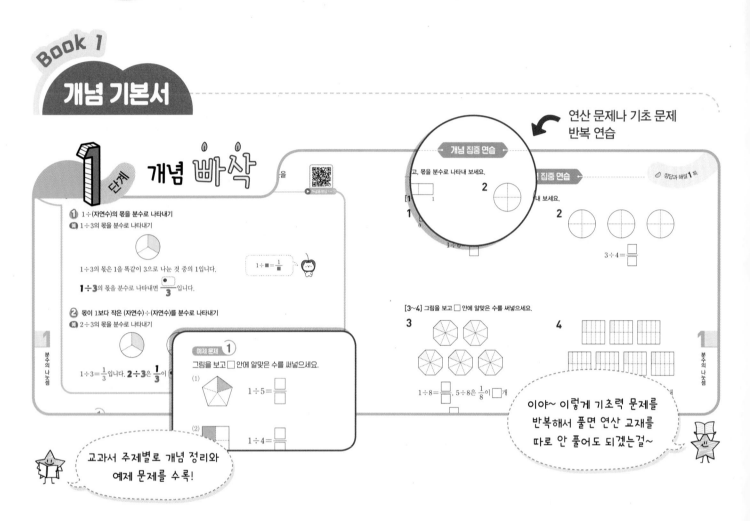

연산 문제나 기초 문제 반복 연습

1단계 개념 빠삭

1 ÷ (자연수)의 몫을 분수로 나타내기

1 ÷ 3의 몫을 분수로 나타내기

1 ÷ 3의 몫은 1을 똑같이 3으로 나눈 것 중의 1입니다.

1 ÷ 3의 몫을 분수로 나타내면 □/3 입니다.

$1 \div \blacksquare = \dfrac{1}{\blacksquare}$

2 몫이 1보다 작은 (자연수) ÷ (자연수)를 분수로 나타내기

2 ÷ 3의 몫을 분수로 나타내기

$1 \div 3 = \dfrac{1}{3}$입니다. $2 \div 3$은 $\dfrac{1}{3}$

예제 문제 1

그림을 보고 □ 안에 알맞은 수를 써넣으세요.

(1) $1 \div 5 = \dfrac{\square}{\square}$

(2) $1 \div 4 = \dfrac{\square}{\square}$

개념 집중 연습

고, 몫을 분수로 나타내 보세요.

$3 \div 4 = \dfrac{\square}{\square}$

[3~4] 그림을 보고 □ 안에 알맞은 수를 써넣으세요.

3

4

$1 \div 8 = \dfrac{\square}{\square}$, $5 \div 8$은 $\dfrac{1}{8}$이 □개

교과서 주제별로 개념 정리와 예제 문제를 수록!

이야~ 이렇게 기초력 문제를 반복해서 풀면 연산 교재를 따로 안 풀어도 되겠는걸~

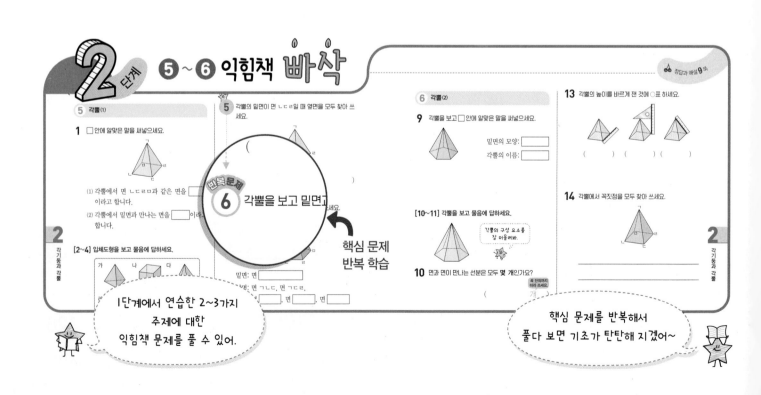

2단계 ⑤~⑥ 익힘책 빠삭

⑤ 각뿔 (1)

1 □ 안에 알맞은 말을 써넣으세요.

(1) 각뿔에서 면 ㄴㄷㄹㅁ과 같은 면을 □ 이라고 합니다.

(2) 각뿔에서 밑면과 만나는 면을 □이라 합니다.

[2~4] 입체도형을 보고 물음에 답하세요.

5 각뿔의 밑면이 면 ㄴㄷㄹ일 때 옆면을 모두 찾아 쓰세요.

반복 문제 6 각뿔을 보고 밑면과

핵심 문제 반복 학습

밑면: 면
면 ㄱㄴㄷ, 면 ㄱㄷㄹ

1단계에서 연습한 2~3가지 주제에 대한 익힘책 문제를 풀 수 있어.

⑥ 각뿔 (2)

9 각뿔을 보고 □ 안에 알맞은 말을 써넣으세요.

밑면의 모양:
각뿔의 이름:

[10~11] 각뿔을 보고 물음에 답하세요.

각뿔의 구성 요소를 잘 떠올려봐.

10 면과 면이 만나는 선분은 모두 몇 개인가요?

13 각뿔의 높이를 바르게 잰 것에 ○표 하세요.

14 각뿔에서 꼭짓점을 모두 찾아 쓰세요.

핵심 문제를 반복해서 풀다 보면 기초가 탄탄해지겠어~

TEST 단원 평가

점수

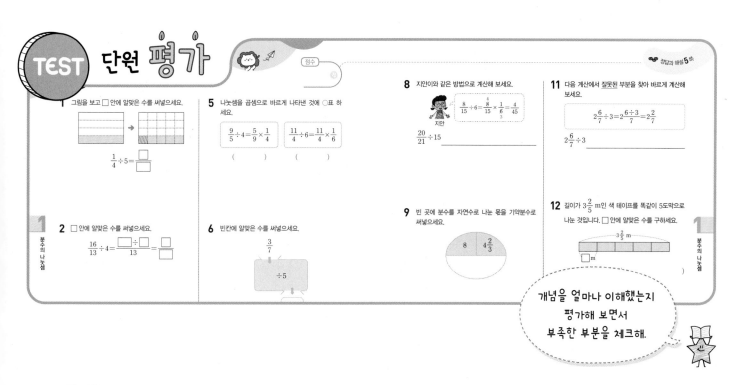

1 그림을 보고 □ 안에 알맞은 수를 써넣으세요.

$\frac{1}{4} \div 5 = \boxed{}$

2 □ 안에 알맞은 수를 써넣으세요.

$\frac{16}{13} \div 4 = \frac{\boxed{}}{13} = \boxed{}$

5 나눗셈을 곱셈으로 바르게 나타낸 것에 ○표 하세요.

$\frac{9}{5} \div 4 = \frac{5}{9} \times \frac{1}{4}$ ( )

$\frac{11}{4} \div 6 = \frac{11}{4} \times \frac{1}{6}$ ( )

6 빈칸에 알맞은 수를 써넣으세요.

$\frac{3}{7}$ ÷5

8 지안이와 같은 방법으로 계산해 보세요.

지안: $\frac{8}{15} \div 6 = \frac{\overset{4}{\cancel{8}}}{15} \times \frac{1}{\underset{3}{\cancel{6}}} = \frac{4}{45}$

$\frac{20}{21} \div 15$ _____

9 빈 곳에 분수를 자연수로 나눈 몫을 기약분수로 써넣으세요.

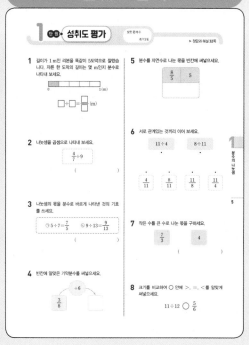

8   $4\frac{2}{3}$

11 다음 계산에서 잘못된 부분을 찾아 바르게 계산해 보세요.

$2\frac{6}{7} \div 3 = 2\frac{6 \div 3}{7} = 2\frac{2}{7}$

$2\frac{6}{7} \div 3$ _____

12 길이가 $3\frac{2}{5}$ m인 색 테이프를 똑같이 5도막으로 나눈 것입니다. □ 안에 알맞은 수를 구하세요.

$3\frac{2}{5}$ m

□ m ( )

개념을 얼마나 이해했는지 평가해 보면서 부족한 부분을 체크해.

1 분수의 나눗셈

Book 2

보충 문제집

기초력 집중 연습

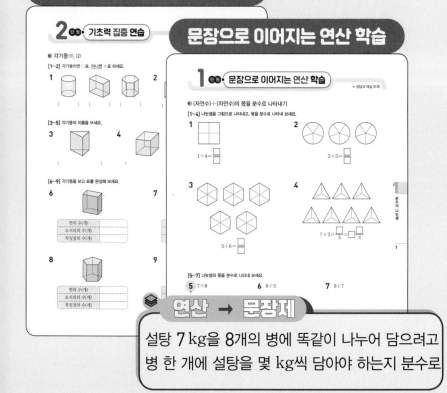

2단원 · 기초력 집중 연습

◎ 각기둥 (1), (2)

[1~2] 각기둥이면 ○표, 아니면 ×표 하세요.

1   2

[3~5] 각기둥의 이름을 쓰세요.

3   4

[6~9] 각기둥을 보고 표를 완성해 보세요.

6   7

면의 수(개)	
모서리의 수(개)	
꼭짓점의 수(개)	

8   9

면의 수(개)	
모서리의 수(개)	
꼭짓점의 수(개)	

문장으로 이어지는 연산 학습

1단원 · 문장으로 이어지는 연산 학습

▶ 정답과 해설 31쪽

◎ (자연수)÷(자연수)의 몫을 분수로 나타내기

[1~4] 나눗셈을 그림으로 나타내고, 몫을 분수로 나타내 보세요.

1

$1 \div 4 = \boxed{}$

2

$3 \div 5 = \boxed{}$

3

$5 \div 6 = \boxed{}$

4

$7 \div 3 = \frac{\boxed{}}{\boxed{}} = \boxed{}$

[5~7] 나눗셈의 몫을 분수로 나타내 보세요.

5 $7 \div 8$ 6 $8 \div 5$ 7 $9 \div 7$

1 분수의 나눗셈

1

◈ 연산 → 문장제

설탕 7 kg을 8개의 병에 똑같이 나누어 담으려고 병 한 개에 설탕을 몇 kg씩 담아야 하는지 분수로

성취도 평가

1단원 · 성취도 평가

맞힌 문제 수

개/15개

▶ 정답과 해설 32쪽

1 길이가 1 m인 리본을 똑같이 5도막으로 잘랐습니다. 자른 한 도막의 길이는 몇 m인지 분수로 나타내 보세요.

0   1 (m)

$\boxed{} \div \boxed{} = \frac{\boxed{}}{\boxed{}}$ (m)

2 나눗셈을 곱셈으로 나타내 보세요.

$\frac{4}{7} \div 9$

( )

3 나눗셈의 몫을 분수로 바르게 나타낸 것의 기호를 쓰세요.

㉠ $5 \div 7 = \frac{7}{5}$ ㉡ $9 \div 13 = \frac{9}{13}$

( )

4 빈칸에 알맞은 기약분수를 써넣으세요.

$\frac{3}{8}$ ÷6

5 분수를 자연수로 나눈 몫을 빈칸에 써넣으세요.

| $\frac{8}{5}$ | 5 |

6 서로 관계있는 것끼리 이어 보세요.

$11 \div 4$ $8 \div 11$

$\frac{4}{11}$ $\frac{8}{11}$ $\frac{11}{4}$ $\frac{11}{8}$

7 작은 수를 큰 수로 나눈 몫을 구하세요.

$\frac{7}{3}$ 4

( )

8 크기를 비교하여 ○ 안에 >, =, <를 알맞게 써넣으세요.

$11 \div 12$ ○ $\frac{5}{6}$

1 분수의 나눗셈

1

기초력 문제를 반복 수록하여 기초를 튼튼하게! 연산 문제와 함께 문장제 문제까지 연습!

성취도 평가 문제를 풀어 보면서 내 실력을 확인해 볼 수 있어!

1 분수의 나눗셈

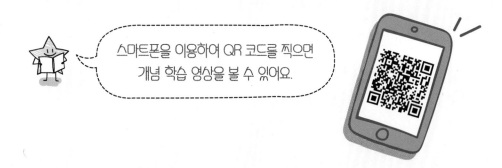

스마트폰을 이용하여 QR 코드를 찍으면 개념 학습 영상을 볼 수 있어요.

🍎 사람들이 하루 세 번 먹는 풀은?

1단계 개념 빠삭

1 (자연수)÷(자연수)의 몫을 분수로 나타내기(1)

▶ 개념동영상 1-①

1 1÷(자연수)의 몫을 분수로 나타내기

예 1÷3의 몫을 분수로 나타내기

1÷3의 몫은 1을 똑같이 3으로 나눈 것 중의 1입니다.

1÷3의 몫을 분수로 나타내면 $\dfrac{❶}{3}$입니다.

$1÷■=\dfrac{1}{■}$

2 몫이 1보다 작은 (자연수)÷(자연수)를 분수로 나타내기

예 2÷3의 몫을 분수로 나타내기

$1÷3=\dfrac{1}{3}$입니다. **2÷3**은 $\dfrac{1}{3}$이 ❷ 개이므로 $\dfrac{2}{3}$입니다.

(자연수)÷(자연수)의 몫은 나누어지는 수를 분자, 나누는 수를 분모로 하는 분수로 나타낼 수 있어.

$▲÷■=\dfrac{▲}{■}$

정답 확인 | ❶ 1 ❷ 2

예제 문제 1

그림을 보고 □ 안에 알맞은 수를 써넣으세요.

(1)

$1÷5=\dfrac{□}{□}$

(2)

$1÷4=\dfrac{□}{□}$

예제 문제 2

나눗셈의 몫을 분수로 나타내 보세요.

(1) $1÷2=\dfrac{□}{□}$

(2) $1÷11=\dfrac{□}{□}$

예제 문제 3

그림을 보고 □ 안에 알맞은 수를 써넣으세요.

$2÷7=\dfrac{□}{□}$

예제 문제 4

□ 안에 알맞은 수를 써넣으세요.

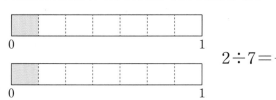

$1÷9=\dfrac{1}{9}$, $4÷9$는 $\dfrac{1}{9}$이 □ 개

➡ $4÷9=\dfrac{□}{□}$

분수의 나눗셈

[1~2] 나눗셈을 그림으로 나타내고, 몫을 분수로 나타내 보세요.

1

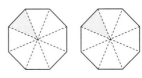

$$1 \div 6 = \dfrac{\square}{\square}$$

2

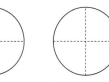

$$3 \div 4 = \dfrac{\square}{\square}$$

[3~4] 그림을 보고 □ 안에 알맞은 수를 써넣으세요.

3

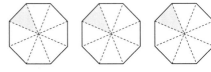

$$1 \div 8 = \dfrac{\square}{\square}, \quad 5 \div 8 은 \dfrac{1}{8} 이 \square 개$$

$$\rightarrow 5 \div 8 = \dfrac{\square}{\square}$$

4

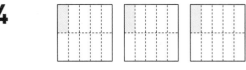

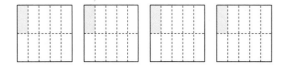

$$1 \div 10 = \dfrac{\square}{\square}, \quad 7 \div 10 은 \dfrac{1}{10} 이 \square 개$$

$$\rightarrow 7 \div 10 = \dfrac{\square}{\square}$$

[5~13] 나눗셈의 몫을 분수로 나타내 보세요.

5 $1 \div 7$

6 $1 \div 12$

7 $1 \div 14$

8 $4 \div 5$

9 $7 \div 11$

10 $8 \div 15$

11 $3 \div 8$

12 $6 \div 17$

13 $9 \div 20$

● ÷ ▲의 몫을
분수로 나타내면

$\dfrac{●}{▲}$ 야.

2 (자연수)÷(자연수)의 몫을 분수로 나타내기 (2)

▶ 개념동영상 1 - ②

🌱 **몫이 1보다 큰 (자연수)÷(자연수)를 분수로 나타내기**

예 5÷3의 몫을 분수로 나타내기

방법 **1** 나눗셈의 자연수 몫과 나머지를 이용

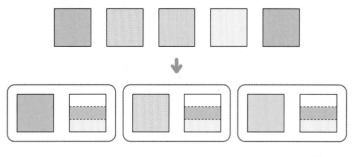

먼저 하나씩 나누고, 남은 2개를 똑같이 3으로 나눈 것 중의 1씩 나눠.

$5÷3=1 \cdots 2$ 이고, 나머지 **2**를 **3**으로 나누면 $\frac{2}{3}$ 입니다.

→ $5÷3=1\frac{2}{3}=\frac{5}{3}$

방법 **2** 1÷(자연수)의 몫을 이용

$1÷3=\frac{1}{3}$ 이고

$5÷3$ 은 $\frac{1}{3}$ 이 ❶ 개이므로

$\frac{5}{3}=1\frac{❷}{3}$ 입니다.

참고 가분수를 대분수로 나타내는 방법

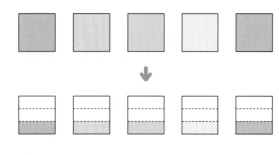

▲÷■의 몫을 자연수 부분에, 나머지를 분자 부분에 써.

정답 확인 | ❶ 5 ❷ 2

예제 문제 1

그림을 보고 ☐ 안에 알맞은 수를 써넣으세요.

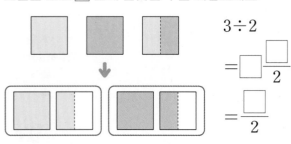

$3÷2$

$=\frac{☐}{2}$

$=\frac{☐}{2}$

예제 문제 2

나눗셈의 몫을 분수로 나타내 보세요.

(1) $6÷5=\frac{☐}{☐}=☐\frac{☐}{☐}$

(2) $7÷4=\frac{☐}{☐}=☐\frac{☐}{☐}$

분수의 나눗셈

[1~2] $4 \div 3$의 몫을 분수로 나타낸 과정입니다. □ 안에 알맞은 수를 써넣으세요.

1

$4 \div 3 = 1 \cdots \boxed{}$,

나머지 $\boxed{}$을/를 3으로 나누면 $\dfrac{\boxed{}}{3}$

나눗셈의 자연수 몫과 나머지를 이용해서
$4 \div 3$의 몫을 분수로 나타내 봐.

➔ $4 \div 3 = 1\dfrac{\boxed{}}{3} = \dfrac{\boxed{}}{3}$

2

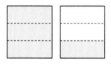

$1 \div 3 = \dfrac{\boxed{}}{\boxed{}}$,

$4 \div 3$은 $\dfrac{1}{3}$이 $\boxed{}$개

➔ $4 \div 3 = \dfrac{\boxed{}}{3} = \boxed{}\dfrac{\boxed{}}{3}$

$1 \div$ (자연수)를 이용해서
$4 \div 3$의 몫을 분수로 나타내 봐.

[3~11] 나눗셈의 몫을 분수로 나타내 보세요.

3 $5 \div 4$

4 $8 \div 7$

5 $11 \div 5$

6 $9 \div 2$

7 $10 \div 3$

8 $15 \div 8$

9 $12 \div 11$

10 $18 \div 5$

11 $22 \div 7$

1 분자가 자연수의 배수인 (분수)÷(자연수) 계산하기

예 $\dfrac{4}{5} \div 2$의 계산

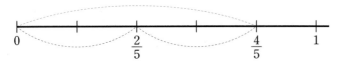

분자가 자연수의 배수일 때에는 **분자를 자연수로 나눠.**

▲ ÷ ● = ★

→ $\dfrac{▲}{■} \div ● = \dfrac{▲ \div ●}{■} = \dfrac{★}{■}$

$\dfrac{4}{5}$는 $\dfrac{1}{5}$이 ❶⬚ 개이고 $4 \div 2 = 2$이므로

$$\dfrac{4}{5} \div 2 = \dfrac{4 \div 2}{5} = \dfrac{❷⬚}{5}$$입니다.

2 분자가 자연수의 배수가 아닌 (분수)÷(자연수) 계산하기

예 $\dfrac{3}{4} \div 2$의 계산

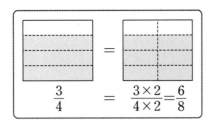

$\dfrac{3}{4}$ = $\dfrac{3 \times 2}{4 \times 2} = \dfrac{6}{8}$

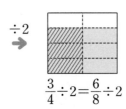

÷2

$\dfrac{3}{4} \div 2 = \dfrac{6}{8} \div 2$

분자가 자연수의 배수가 아닐 때에는 **크기가 같은 분수 중에 분자가 자연수의 배수인 수로 바꾸어** 계산해.

$\dfrac{3}{4} = \dfrac{6}{8}$, $\dfrac{6}{8}$은 $\dfrac{1}{8}$이 6개이고 $6 \div 2 = 3$이므로

$$\dfrac{3}{4} \div 2 = \dfrac{6}{8} \div 2 = \dfrac{6 \div ❸⬚}{8} = \dfrac{❹⬚}{8}$$입니다.

정답 확인 | ❶ 4 ❷ 2 ❸ 2 ❹ 3

예제 문제 **1**

그림을 보고 ⬚ 안에 알맞은 수를 써넣으세요.

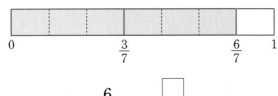

$$\dfrac{6}{7} \div 2 = \dfrac{\boxed{}}{7}$$

예제 문제 **2**

그림을 보고 ⬚ 안에 알맞은 수를 써넣으세요.

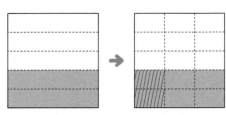

$$\dfrac{2}{5} \div 3 = \dfrac{\boxed{}}{\boxed{}}$$

[1~2] 그림을 보고 ☐ 안에 알맞은 수를 써넣으세요.

1

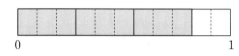

$$\frac{9}{11} \div 3 = \frac{9 \div \Box}{11} = \frac{\Box}{\Box}$$

2

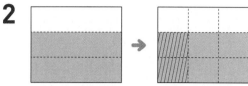

$$\frac{2}{3} \div 3 = \frac{2 \times \Box}{3 \times 3} \div 3 = \frac{\Box}{9} \div 3$$

$$= \frac{\Box \div 3}{9} = \frac{\Box}{\Box}$$

[3~6] ☐ 안에 알맞은 수를 써넣으세요.

3 $\dfrac{12}{13} \div 2 = \dfrac{12 \div \Box}{13} = \dfrac{\Box}{\Box}$

4 $\dfrac{10}{17} \div 5 = \dfrac{10 \div \Box}{17} = \dfrac{\Box}{\Box}$

5 $\dfrac{4}{9} \div 7 = \dfrac{\Box}{63} \div 7 = \dfrac{\Box \div 7}{63} = \dfrac{\Box}{\Box}$

6 $\dfrac{7}{11} \div 2 = \dfrac{\Box}{22} \div 2 = \dfrac{\Box \div 2}{22} = \dfrac{\Box}{\Box}$

[7~12] 계산해 보세요.

7 $\dfrac{8}{9} \div 2$

8 $\dfrac{14}{19} \div 7$

9 $\dfrac{16}{25} \div 4$

10 $\dfrac{3}{10} \div 2$

11 $\dfrac{4}{5} \div 6$

12 $\dfrac{9}{13} \div 5$

2단계 ❶~❸ 익힘책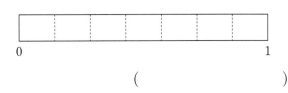

꼭 단위까지 따라 쓰세요.

1 **(자연수)÷(자연수)의 몫을 분수로 나타내기(1)**

1 $1 \div 7$을 그림으로 나타내고, 몫을 분수로 나타내 보세요.

0   1

(   )

2 나눗셈의 몫을 분수로 나타내 보세요.

(1) $2 \div 9$

(2) $5 \div 12$

3 빈칸에 알맞은 분수를 써넣으세요.

÷

6	7

÷

11

4 크기를 비교하여 ◯ 안에 >, =, <를 알맞게 써넣으세요.

$1 \div 13 \bigcirc \dfrac{1}{10}$

---

2 **(자연수)÷(자연수)의 몫을 분수로 나타내기(2)**

5 ☐ 안에 알맞은 수를 써넣으세요.

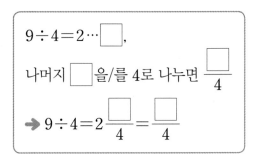

$9 \div 4 = 2 \cdots \boxed{}$,

나머지 $\boxed{}$을/를 4로 나누면 $\dfrac{\boxed{}}{4}$

➡ $9 \div 4 = 2\dfrac{\boxed{}}{4} = \dfrac{\boxed{}}{4}$

6 잘못 계산한 사람은 누구인가요?

$4 \div 7 = \dfrac{4}{7}$ $8 \div 3 = \dfrac{3}{8}$

건우   서아

(   )

7 큰 수를 작은 수로 나눈 몫을 분수로 나타내 보세요.

14	5

(   )

8 물 13 L를 6일 동안 똑같이 나누어 마시려고 합니다. 하루에 마셔야 할 물의 양은 몇 **L**인지 분수로 나타내 보세요.

(L   )

분수의 나눗셈

1

3 (분수)÷(자연수) 알아보기

9 $\frac{6}{7} \div 3$의 몫을 수직선을 이용하여 구하세요.

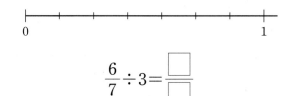

$$\frac{6}{7} \div 3 = \frac{\square}{\square}$$

10 빈 곳에 알맞은 수를 써넣으세요.

(1)
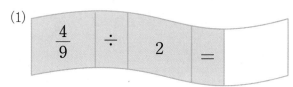
$$\frac{4}{9} \div 2 =$$

(2)
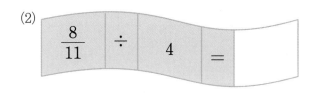
$$\frac{8}{11} \div 4 =$$

11 보기와 같은 방법으로 계산해 보세요.

보기
$$\frac{4}{7} \div 3 = \frac{12}{21} \div 3 = \frac{12 \div 3}{21} = \frac{4}{21}$$

(1) $\frac{5}{8} \div 6$ _____

(2) $\frac{7}{15} \div 4$ _____

12 계산 결과를 찾아 이어 보세요.

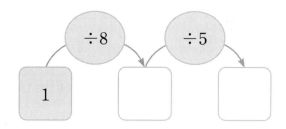

$\frac{6}{13} \div 3$ •

$\frac{12}{13} \div 4$ •

• $\frac{4}{13}$

• $\frac{3}{13}$

• $\frac{2}{13}$

13 빈칸에 알맞은 분수를 써넣으세요.

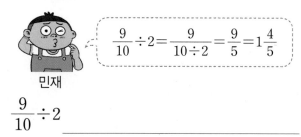

14 민재가 잘못 계산한 곳을 찾아 바르게 계산해 보세요.

민재

$$\frac{9}{10} \div 2 = \frac{9}{10 \div 2} = \frac{9}{5} = 1\frac{4}{5}$$

$\frac{9}{10} \div 2$ _____

1 서술형 첫 단계

15 철사 $\frac{15}{17}$ m를 겹치지 않게 모두 사용하여 정삼각형 모양 한 개를 만들었습니다. 이 정삼각형의 한 변의 길이는 몇 **m**인가요?

식 _____ 꼭 단위까지 따라 쓰세요.

답 _____ m

▶ 개념동영상 1-④

🌱 (진분수)÷(자연수) 계산하기

예 $\frac{5}{6}÷4$의 계산

방법 1 그림을 이용

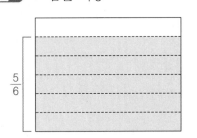

똑같이 4로 나누기

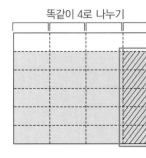

$\frac{5}{6}$를 똑같이 4로 나눈 것 중의 1

➔ $\frac{5}{6}$의 $\frac{1}{4}$이므로 $\frac{5}{6}×\frac{1}{4}$

➔ 빗금 친 부분은 전체 **24**칸 중에서 **5**칸이므로 $\frac{❶}{24}$입니다.

방법 2 분수의 곱셈으로 나타내 계산

$$\frac{5}{6}÷4=\frac{5}{6}×\frac{1}{❷}=\frac{5}{❸}$$

분수의 나눗셈을 분수의 곱셈으로 나타내 계산해.

(진분수)÷(자연수)는 자연수를 $\frac{1}{(자연수)}$로 바꾼 다음 곱하여 계산합니다.

➔ (진분수)÷(자연수)＝(진분수)×$\frac{1}{(자연수)}$

정답 확인 │ ❶ 5   ❷ 4   ❸ 24

1

분수의 나눗셈

14

예제 문제 1

그림을 보고 □ 안에 알맞은 수를 써넣으세요.

$\frac{2}{3}÷5=\frac{2}{3}×\frac{1}{\square}$

$=\frac{2}{\square}$

예제 문제 2

나눗셈을 곱셈으로 나타내 보세요.

$\frac{5}{8}÷9=\frac{5}{8}×\frac{\square}{\square}$

예제 문제 3

$\frac{2}{7}÷3$을 계산하는 방법을 알아보려고 합니다. □ 안에 알맞은 수를 써넣으세요.

(1) 분수의 곱셈으로 나타내면

$\frac{2}{7}÷3=\frac{2}{7}×\frac{\square}{\square}$입니다.

(2) 위 (1)에서 나타낸 곱셈식을 계산한 값은

$\frac{\square}{\square}$입니다.

정답과 해설 **3**쪽

[1~2] 그림을 보고 □ 안에 알맞은 수를 써넣으세요.

1

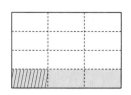

$$\frac{1}{4} \div 3 = \frac{1}{4} \times \frac{1}{\boxed{}} = \frac{\boxed{}}{\boxed{}}$$

2

$$\frac{3}{5} \div 2 = \frac{3}{5} \times \frac{1}{\boxed{}} = \frac{\boxed{}}{\boxed{}}$$

[3~4] 나눗셈을 곱셈으로 나타내 보세요.

3 $\dfrac{1}{6} \div 4$

4 $\dfrac{3}{8} \div 4$

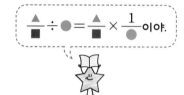

[5~8] □ 안에 알맞은 수를 써넣으세요.

5 $\dfrac{7}{8} \div 5 = \dfrac{7}{8} \times \dfrac{\boxed{}}{\boxed{}} = \dfrac{\boxed{}}{\boxed{}}$

6 $\dfrac{5}{9} \div 6 = \dfrac{5}{9} \times \dfrac{\boxed{}}{\boxed{}} = \dfrac{\boxed{}}{\boxed{}}$

7 $\dfrac{1}{7} \div 8 = \dfrac{1}{7} \times \dfrac{\boxed{}}{\boxed{}} = \dfrac{\boxed{}}{\boxed{}}$

8 $\dfrac{3}{4} \div 5 = \dfrac{3}{4} \times \dfrac{\boxed{}}{\boxed{}} = \dfrac{\boxed{}}{\boxed{}}$

[9~12] 계산해 보세요.

9 $\dfrac{4}{9} \div 9$

10 $\dfrac{2}{11} \div 3$

11 $\dfrac{6}{7} \div 5$

12 $\dfrac{9}{13} \div 6$

1단계 개념 빠삭 ❺ (가분수)÷(자연수)

▶ 개념동영상 1-⑤

🌵 (가분수)÷(자연수) 계산하기

예 $\frac{7}{4} \div 3$의 계산

방법 1 그림을 이용

똑같이 3으로 나누기

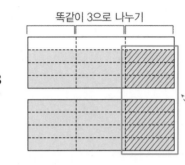

$\frac{7}{4}$을 똑같이 3으로 나눈 것 중의 1

➡ $\frac{7}{4}$의 $\frac{1}{3}$이므로 $\frac{7}{4} \times \frac{1}{3}$

➡ 빗금 친 부분은 1을 똑같이 **12**칸으로 나눈 것 중에서 **7**칸이므로 $\frac{❶}{12}$입니다.

방법 2 분수의 곱셈으로 나타내 계산

$$\frac{7}{4} \div 3 = \frac{7}{4} \times \frac{1}{❷} = \frac{7}{❸}$$

분수의 나눗셈을 분수의 곱셈으로 나타내 계산해.

(가분수)÷(자연수)는 자연수를 $\frac{1}{(자연수)}$로 바꾼 다음 곱하여 계산합니다.

➡ (가분수)÷(자연수)=(가분수)$\times \frac{1}{(자연수)}$

1 분수의 나눗셈

16

정답 확인 | ❶ 7 ❷ 3 ❸ 12

예제 문제 1

그림을 보고 ☐ 안에 알맞은 수를 써넣으세요.

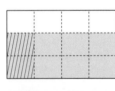

$$\frac{5}{3} \div 4 = \frac{5}{3} \times \frac{1}{\boxed{}} = \frac{5}{\boxed{}}$$

예제 문제 2

$\frac{6}{5} \div 5$를 계산하는 방법을 알아보려고 합니다. ☐ 안에 알맞은 수를 써넣으세요.

(1) 분수의 곱셈으로 나타내면

$$\frac{6}{5} \div 5 = \frac{6}{5} \times \frac{1}{\boxed{}}$$입니다.

(2) 위 (1)에서 나타낸 곱셈식을 계산한 값은

$$\frac{\boxed{}}{\boxed{}}$$입니다.

정답과 해설 3쪽

[1~2] 그림을 보고 □ 안에 알맞은 수를 써넣으세요.

1

$$\frac{7}{4} \div 2 = \frac{7}{4} \times \frac{1}{\square}$$

$$= \frac{\square}{\square}$$

2

$$\frac{8}{5} \div 3 = \frac{8}{5} \times \frac{1}{\square}$$

$$= \frac{\square}{\square}$$

[3~4] 나눗셈을 곱셈으로 나타내 보세요.

3 $\frac{5}{2} \div 4$

4 $\frac{7}{3} \div 6$

[5~8] □ 안에 알맞은 수를 써넣으세요.

5 $\frac{8}{7} \div 5 = \frac{8}{7} \times \frac{1}{\square} = \frac{\square}{\square}$

6 $\frac{9}{8} \div 4 = \frac{9}{8} \times \frac{1}{\square} = \frac{\square}{\square}$

7 $\frac{11}{10} \div 3 = \frac{11}{10} \times \frac{\square}{\square} = \frac{\square}{\square}$

8 $\frac{13}{12} \div 5 = \frac{13}{12} \times \frac{\square}{\square} = \frac{\square}{\square}$

[9~12] 계산해 보세요.

9 $\frac{9}{5} \div 10$

10 $\frac{10}{9} \div 3$

분수의 나눗셈을 분수의 곱셈으로 나타내 계산해.

11 $\frac{11}{6} \div 2$

12 $\frac{21}{8} \div 7$

1 단계 개념 빠삭   **6** (대분수)÷(자연수)

▶ 개념동영상 1-⑥

1 분수의 나눗셈

(대분수)÷(자연수) 계산하기

예 $2\dfrac{1}{4} \div 3$의 계산 → 분자가 자연수의 배수인 나눗셈

방법 1 그림을 이용

↓ ÷3

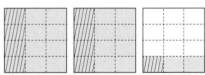

└→ 빗금 친 부분은 $2\dfrac{1}{4}$을 똑같이 3으로 나눈 것 중의 1

빗금 친 부분은 1을 똑같이 **12**칸으로 나눈 것 중에서 **9**칸

→ $\dfrac{\mathbf{9}}{\mathbf{12}} = \dfrac{3}{4}$

방법 2 대분수를 가분수로 바꾸고 분자를 자연수로 나누어 계산

$2\dfrac{1}{4} \div 3 = \dfrac{9}{4} \div 3 = \dfrac{9 \div 3}{4} = \dfrac{3}{4}$

방법 3 대분수를 가분수로 바꾸고 나눗셈을 곱셈으로 나타내 계산

$2\dfrac{1}{4} \div 3 = \dfrac{9}{4} \div 3 = \dfrac{\overset{3}{\cancel{9}}}{4} \times \dfrac{1}{\underset{1}{\cancel{3}}} = \dfrac{\boxed{❶}}{4}$

예 $1\dfrac{4}{5} \div 2$의 계산 → 분자가 자연수의 배수가 아닌 나눗셈

방법 1 그림을 이용

↓ ÷2

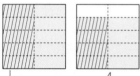

└→ 빗금 친 부분은 $1\dfrac{4}{5}$를 똑같이 2로 나눈 것 중의 1

빗금 친 부분은 1을 똑같이 **10**칸으로 나눈 것 중에서 **9**칸

→ $\dfrac{\mathbf{9}}{\mathbf{10}}$

방법 2 대분수를 가분수로 바꾸고 분자가 자연수의 배수가 되도록 분수를 바꿔 계산

$1\dfrac{4}{5} \div 2 = \dfrac{9}{5} \div 2 = \dfrac{\mathbf{18}}{\mathbf{10}} \div 2 = \dfrac{18 \div 2}{10} = \dfrac{9}{10}$

방법 3 대분수를 가분수로 바꾸고 나눗셈을 곱셈으로 나타내 계산

$1\dfrac{4}{5} \div 2 = \dfrac{9}{5} \div 2 = \dfrac{9}{5} \times \dfrac{1}{2} = \dfrac{\boxed{❷}}{10}$

정답 확인 | ❶ 3 ❷ 9

예제 문제 1

오른쪽 그림을 보고 □ 안에 알맞은 수를 써넣으세요.

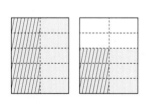

$1\dfrac{3}{5} \div 2 = \dfrac{8}{5} \times \dfrac{1}{\boxed{}}$

$= \dfrac{8}{\boxed{}} = \dfrac{4}{\boxed{}}$

예제 문제 2

□ 안에 알맞은 수를 써넣으세요.

$1\dfrac{2}{3} \div 2 = \dfrac{5}{3} \div 2 = \dfrac{5 \times 2}{3 \times \boxed{}} \div 2$

$= \dfrac{10}{\boxed{}} \div 2 = \dfrac{10 \div 2}{\boxed{}} = \dfrac{\boxed{}}{\boxed{}}$

[1~2] 그림을 보고 □ 안에 알맞은 수를 써넣으세요.

1
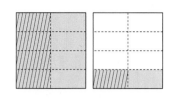

$$1\frac{1}{4} \div 2 = \frac{\boxed{}}{4} \times \frac{1}{\boxed{}} = \frac{\boxed{}}{\boxed{}}$$

2
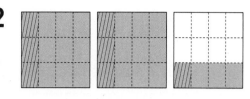

$$2\frac{1}{3} \div 4 = \frac{\boxed{}}{3} \times \frac{1}{\boxed{}} = \frac{\boxed{}}{\boxed{}}$$

[3~4] 보기 와 같이 대분수를 가분수로 바꾸고 나눗셈을 곱셈으로 나타내 보세요.

> 보기
> $$1\frac{1}{2} \div 3 = \frac{3}{2} \times \frac{1}{3}$$

$1\frac{1}{2}$ 을 가분수로 바꾸면 $1\frac{1}{2} = 1 + \frac{1}{2} = \frac{2}{2} + \frac{1}{2} = \frac{3}{2}$ 이야!

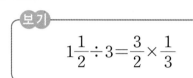

3 $1\frac{3}{4} \div 4$

4 $2\frac{1}{7} \div 3$

[5~8] □ 안에 알맞은 수를 써넣으세요.

5 $1\frac{5}{7} \div 6 = \dfrac{\boxed{}}{7} \div 6 = \dfrac{\boxed{} \div 6}{7} = \dfrac{\boxed{}}{\boxed{}}$

6 $1\frac{7}{8} \div 5 = \dfrac{\boxed{}}{8} \div 5 = \dfrac{\boxed{} \div 5}{8} = \dfrac{\boxed{}}{\boxed{}}$

7 $2\frac{3}{7} \div 6 = \dfrac{\boxed{}}{7} \times \dfrac{1}{\boxed{}} = \dfrac{\boxed{}}{\boxed{}}$

8 $3\frac{1}{4} \div 5 = \dfrac{\boxed{}}{4} \times \dfrac{1}{\boxed{}} = \dfrac{\boxed{}}{\boxed{}}$

[9~12] 계산해 보세요.

9 $2\frac{3}{4} \div 8$

10 $3\frac{5}{6} \div 2$

11 $5\frac{2}{5} \div 6$

12 $2\frac{7}{9} \div 10$

④ (진분수)÷(자연수)

1 그림을 보고 □ 안에 알맞은 수를 써넣으세요.

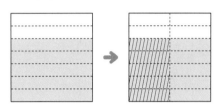

$$\frac{5}{7} \div 2 = \frac{5}{7} \times \frac{1}{\square} = \frac{5}{\square}$$

2 나눗셈을 곱셈으로 바르게 나타낸 것에 ○표 하세요.

$$\frac{4}{5} \div 5 = \frac{4}{5} \times \frac{1}{5}$$

$$\frac{7}{9} \div 3 = \frac{7}{9} \times \frac{3}{1}$$

(   )   (   )

3 $\frac{4}{9} \div 3$의 몫을 구하려고 합니다. □ 안에 알맞은 수를 써넣으세요.

$\frac{4}{9} \div 3$의 몫은 $\frac{4}{9}$를 똑같이 3으로 나눈 것 중의 1입니다.

이것은 $\frac{4}{9}$의 $\frac{1}{\square}$이므로 $\frac{4}{9} \times \frac{1}{\square}$입니다.

→ $\frac{4}{9} \div 3 = \frac{4}{9} \times \frac{1}{\square} = \frac{\square}{\square}$

4 빈칸에 알맞은 수를 써넣으세요.

5 계산 결과를 비교하여 ○ 안에 >, =, <를 알맞게 써넣으세요.

$$\frac{7}{8} \div 3 \bigcirc \frac{7}{12} \div 2$$

반복문제 6 몫이 더 큰 나눗셈을 말한 사람은 누구인가요?

$\frac{5}{6} \div 3$ $\frac{10}{11} \div 2$

소윤   유찬

(   )

서술형 첫 단계

7 모래 $\frac{9}{10}$ kg을 봉지 2개에 똑같이 나누어 담으려고 합니다. 모래를 한 봉지에 **몇 kg**씩 담을 수 있나요?

식 _____

꼭 단위까지 따라 쓰세요.

답 _____ kg

5 (가분수)÷(자연수)

8 그림을 보고 □ 안에 알맞은 수를 써넣으세요.

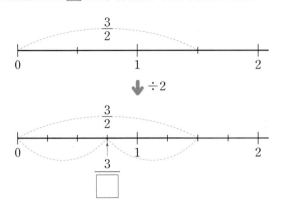

$$\frac{3}{2} \div 2 = \frac{\boxed{}}{2} \times \frac{1}{\boxed{}} = \frac{3}{\boxed{}}$$

9 계산한 값이 <u>다른</u> 하나에 △표 하세요.

| $\frac{7}{5} \div 4$ | $\frac{7}{5} \times \frac{1}{4}$ | $\frac{7}{5} \times 4$ |

(   ) (   ) (   )

10 계산해 보세요.

$$\frac{9}{4} \div 2$$

11 보기 와 같은 방법으로 계산해 보세요.

보기
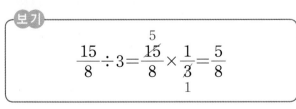

$$\frac{14}{9} \div 4 \underline{\hspace{5cm}}$$

12 계산 결과를 찾아 이어 보세요.

| $\frac{8}{3} \div 4$ | • | | • | $\frac{2}{3}$ |

| $\frac{9}{7} \div 3$ | • | | • | $\frac{3}{7}$ |

13 가분수를 자연수로 나눈 몫을 구하세요.

| 3 | $\frac{10}{11}$ | $\frac{13}{6}$ |

(   )

14 계산 결과가 $\frac{2}{9}$인 것의 기호를 쓰세요.

ㄱ $\frac{4}{3} \div 10$ ㄴ $\frac{14}{9} \div 7$

(   )

15 빈칸에 알맞은 기약분수를 써넣으세요.

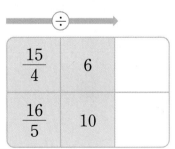

16 몫이 1보다 큰 나눗셈을 말한 사람은 누구인가요?

$\frac{27}{5} \div 8$

$\frac{13}{3} \div 4$

은우   현서

(   )

17 넓이가 $\frac{42}{13}$ cm²인 직사각형을 똑같이 나눈 것입니다. 색칠한 부분의 넓이는 **몇 cm²**인지 기약분수로 나타내 보세요.

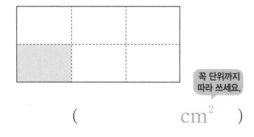

꼭 단위까지
따라 쓰세요.

(cm²   )

분수의 나눗셈

1

18 일주일 동안 우유를 아영이는 5 L, 혜지는 $\frac{11}{4}$ L 마셨습니다. 일주일 동안 혜지가 마신 우유의 양은 아영이가 마신 우유의 양의 **몇 배**인가요?

서술형 첫 단계

식 _____

답 _____ 배

6 (대분수)÷(자연수)

19 ☐ 안에 알맞은 수를 써넣으세요.

$1\frac{3}{5} \div 4 = \frac{\square}{5} \div 4 = \frac{\square \div 4}{5} = \frac{\square}{\square}$

20 계산해 보세요.

(1) $3\frac{1}{3} \div 4$

(2) $2\frac{3}{4} \div 5$

21 빈칸에 알맞은 수를 써넣으세요.

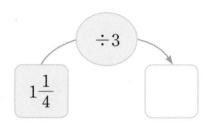

÷ 3

$1\frac{1}{4}$

22 큰 수를 작은 수로 나눈 몫을 기약분수로 나타내 보세요.

2          $4\frac{2}{3}$

(   )

23 다음 계산에서 잘못된 부분을 찾아 바르게 계산해 보세요.

$$1\frac{5}{6} \div 5 = 1\frac{5 \div 5}{6} = 1\frac{1}{6}$$

$$1\frac{5}{6} \div 5 \underline{\hspace{6cm}}$$

24 잘못 계산한 것의 기호를 쓰고, 바르게 계산한 값을 구하세요.

$$\bigcirc \ 1\frac{3}{8} \div 4 = \frac{11}{32} \qquad \bigcirc \ 2\frac{4}{9} \div 5 = \frac{24}{45}$$

잘못 계산한 것 (   )

바르게 계산한 값 (   )

25 나눗셈의 몫이 더 작은 것의 기호를 쓰세요.

$$\bigcirc \ 3\frac{1}{4} \div 13 \qquad \bigcirc \ 2\frac{1}{3} \div 7$$

(   )

26 서아가 사용한 끈의 길이는 **몇 m**인지 기약분수로 나타내 보세요.

끈 $4\frac{1}{2}$ m를 똑같이 9도막으로 나누어 한 도막을 사용했어.

서아

꼭 단위까지 따라 쓰세요.

(m   )

문제 해결

27 2장의 수 카드 를 ☐ 안에 한 번씩 모두 넣어 분수의 나눗셈을 만들려고 합니다. 몫이 더 작게 되도록 식을 완성하고, 몫을 기약분수로 나타내 보세요.

$$\boxed{}\frac{4}{7} \div \boxed{}$$

몫이 더 작게 되려면 나누어지는 수는 작게, 나누는 수는 크게 해야 해.

(   )

28 ☐ 안에 들어갈 수 있는 자연수를 구하세요.

$$2\frac{4}{5} \div 7 > \frac{\boxed{}}{5}$$

(   )

반복문제 **추론력**

29 ☐ 안에 들어갈 수 있는 가장 큰 자연수를 구하세요.

$$\frac{\boxed{}}{9} < 1\frac{2}{3} \div 3$$

(   )

1 그림을 보고 □ 안에 알맞은 수를 써넣으세요.

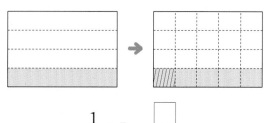

$$\frac{1}{4} \div 5 = \frac{\square}{\square}$$

2 □ 안에 알맞은 수를 써넣으세요.

$$\frac{16}{13} \div 4 = \frac{\square \div \square}{13} = \frac{\square}{\square}$$

3 대분수를 가분수로 바꾸고 나눗셈을 곱셈으로 나타내 보세요.

$$2\frac{1}{2} \div 3 = \frac{\square}{\square} \times \frac{\square}{\square}$$

4 나눗셈의 몫을 분수로 나타내 보세요.

$$7 \div 20$$

( )

5 나눗셈을 곱셈으로 바르게 나타낸 것에 ○표 하세요.

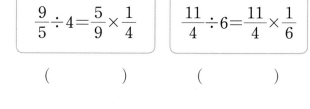

$$\frac{9}{5} \div 4 = \frac{5}{9} \times \frac{1}{4} \qquad \frac{11}{4} \div 6 = \frac{11}{4} \times \frac{1}{6}$$

( ) ( )

6 빈칸에 알맞은 수를 써넣으세요.

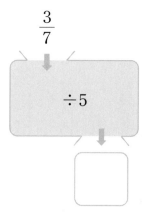

7 계산해 보세요.

(1) $3\frac{4}{7} \div 15$

(2) $4\frac{4}{9} \div 12$

8 지안이와 같은 방법으로 계산해 보세요.

지안
$$\frac{8}{15} \div 6 = \frac{\overset{4}{\cancel{8}}}{15} \times \frac{1}{\underset{3}{\cancel{6}}} = \frac{4}{45}$$

$$\frac{20}{21} \div 15$$ _____

9 빈 곳에 분수를 자연수로 나눈 몫을 기약분수로 써넣으세요.

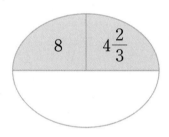

10 계산 결과를 찾아 이어 보세요.

$$\frac{9}{8} \div 3$$ •

$$\frac{13}{10} \div 5$$ •

• $$\frac{3}{8}$$

• $$\frac{13}{50}$$

• $$\frac{13}{2}$$

11 다음 계산에서 잘못된 부분을 찾아 바르게 계산해 보세요.

$$2\frac{6}{7} \div 3 = 2\frac{6 \div 3}{7} = 2\frac{2}{7}$$

$$2\frac{6}{7} \div 3$$ _____

12 길이가 $3\frac{2}{5}$ m인 색 테이프를 똑같이 5도막으로 나눈 것입니다. □ 안에 알맞은 수를 구하세요.

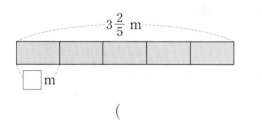

(   )

13 나눗셈의 몫이 1보다 작은 것에 ◯표 하세요.

$10 \div 13$	$22 \div 15$

(   )   (   )

14 크기를 비교하여 ◯ 안에 >, =, <를 알맞게 써넣으세요.

$$\frac{21}{5} \div 6 \bigcirc \frac{3}{10}$$

15 서준이가 13÷4를 계산한 과정입니다. □ 안에 알맞은 수를 써넣으세요.

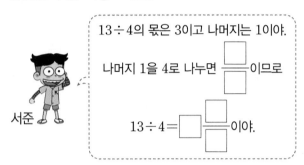

13÷4의 몫은 3이고 나머지는 1이야.

나머지 1을 4로 나누면 $\dfrac{□}{□}$이므로

$13÷4 = □\dfrac{□}{□}$이야.

서준

16 넓이가 $\dfrac{20}{9}$ m²인 직사각형 모양의 화단을 만들었습니다. 화단의 가로가 4 m일 때, 세로는 몇 m인지 기약분수로 나타내 보세요.

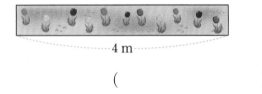

4 m

(   )

17 쌀 $3\dfrac{3}{4}$ kg을 5개의 통에 똑같이 나누어 담았습니다. 한 통에 담겨 있는 쌀은 몇 kg인지 기약분수로 나타내 보세요.

(   )

18 나눗셈의 몫이 가장 큰 것을 찾아 기호를 쓰세요.

㉠ $\dfrac{11}{4}÷5$ ㉡ $\dfrac{27}{20}÷3$ ㉢ $\dfrac{21}{10}÷6$

(   )

🔧 문제 해결

19 2장의 수 카드 ③, ⑤ 를 □ 안에 한 번씩 모두 넣어 분수의 나눗셈을 만들려고 합니다. 몫이 더 크게 되도록 식을 완성하고, 몫을 구하세요.

$\dfrac{□}{9}÷□$

(   )

⚡ 추론력

20 □ 안에 들어갈 수 있는 자연수를 모두 쓰세요.

$\dfrac{□}{25} < \dfrac{3}{5}÷5$

(   )

해결 팁!

19. 몫이 더 크게 되려면 나누어지는 수는 크게, 나누는 수는 작게 해야 합니다.

예 ②, ③을 $\dfrac{□}{4}÷□$의 □ 안에 한 번씩 모두 넣어 몫이 더 크게 만들기 ➡ $\dfrac{3}{4}÷2$

 보아는 주말에 반려견과 함께 공원으로 산책을 갔습니다. 두 그림에서 서로 다른 3곳을 찾아 ○표 하고
물음에 답하세요.

강아지들의 몸무게를 재어봤더니 몰티즈는 2 kg, 푸들은 $3\frac{3}{5}$ kg, 보스턴테리어는 6 kg,

닥스훈트는 $5\frac{7}{12}$ kg이래. 닥스훈트의 무게는 몰티즈의 무게의 몇 배일까?

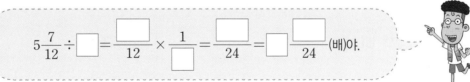

$$5\frac{7}{12} \div \boxed{} = \frac{\boxed{}}{12} \times \frac{1}{\boxed{}} = \frac{\boxed{}}{24} = \boxed{}\frac{\boxed{}}{24}\text{(배)야.}$$

그럼 푸들의 무게는 보스턴테리어의 무게의 몇 배일까?

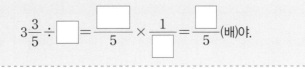

$$3\frac{3}{5} \div \boxed{} = \frac{\boxed{}}{5} \times \frac{1}{\boxed{}} = \frac{\boxed{}}{5}\text{(배)야.}$$

2 각기둥과 각뿔

2단원 학습 계획표

✔ 이 단원의 표준 학습 일수는 4일입니다. 계획대로 공부한 후 확인란에 사인을 받으세요.

이 단원에서 배울 내용	쪽수	계획한 날	확인
1단계 개념 빠삭 ❶ 각기둥(1) ❷ 각기둥(2)	30~33쪽	월 일	확인했어요! ☺
2단계 익힘책 빠삭	34~35쪽		
1단계 개념 빠삭 ❸ 각기둥의 전개도 알아보기 ❹ 각기둥의 전개도 그리기	36~39쪽	월 일	확인했어요! ☺
2단계 익힘책 빠삭	40~41쪽		
1단계 개념 빠삭 ❺ 각뿔(1) ❻ 각뿔(2)	42~45쪽	월 일	확인했어요! ☺
2단계 익힘책 빠삭	46~47쪽		
TEST 2단원 평가	48~50쪽	월 일	확인했어요! ☺

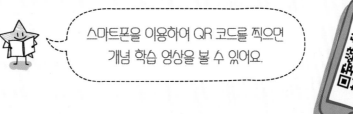

스마트폰을 이용하여 QR 코드를 찍으면
개념 학습 영상을 볼 수 있어요.

🍎 눈 앞에 보이는 차이만 아는 어리석은 상황을 비유하는 고사성어는?

개념 빠삭 ❶ 각기둥(1)

▶ 개념동영상 2-①

1 각기둥 알아보기

• 입체도형을 기준에 따라 분류하기

가   나   다   라   마   바   사

– 서로 평행한 두 면이 있는 입체도형은 가, 나, 다, 마, 바, 사입니다.
– 서로 평행한 두 면이 합동인 입체도형은 가, 나, 다, 바, 사입니다.
– 서로 평행한 두 면이 합동인 다각형으로 이루어진 입체도형은 가, 나, 다, ❶   입니다.

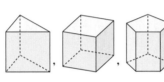 등과 같은 입체도형을 **각기둥**이라고 합니다.

2 각기둥의 밑면 알아보기

각기둥에서 면 ㄱㄴㄷ과 면 ㄹㅁㅂ과 같이 서로 평행하고 합동인 두 면을 **밑면**이라고 합니다.

 두 밑면은 나머지 면들과 모두 수직으로 만나.

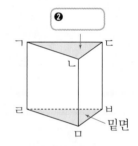
❷

3 각기둥의 옆면 알아보기

각기둥에서 면 ㄱㄹㅁㄴ, 면 ㄴㅁㅂㄷ, 면 ㄷㅂㄹㄱ과 같이 **두 밑면과 만나는 면**을 **옆면**이라고 합니다.

 각기둥의 옆면은 모두 직사각형이야.

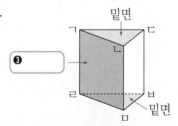
❸

정답 확인 │ ❶ 바 ❷ 밑면 ❸ 옆면

예제 문제 1

각기둥을 모두 찾아 기호를 쓰세요.

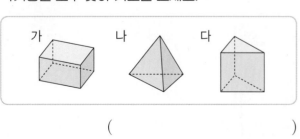
가   나   다

(   )

예제 문제 2

각기둥을 보고 □ 안에 알맞은 말을 써넣으세요.

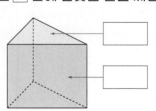

[1~4] 입체도형을 보고 물음에 답하세요.

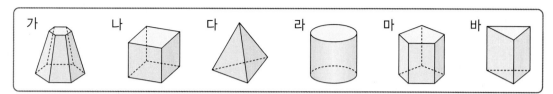

1 서로 평행한 두 면이 있는 입체도형을 모두 찾아 기호를 쓰세요.

( )

2 서로 평행한 두 면이 합동인 입체도형을 모두 찾아 기호를 쓰세요.

( )

3 서로 평행한 두 면이 합동인 다각형으로 이루어진 입체도형을 모두 찾아 기호를 쓰세요.

( )

4 각기둥을 모두 찾아 기호를 쓰세요.

( )

[5~7] 각기둥에서 서로 평행하고 합동인 두 면을 모두 찾아 색칠해 보세요.

5
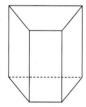

6
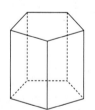

7
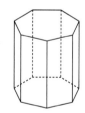

위와 아래에 있는 면을 잘 살펴봐!

[8~9] 각기둥을 보고 물음에 답하세요.

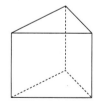 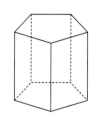 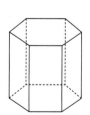

8 각기둥에서 두 밑면과 만나는 면을 모두 찾아 ○표 하세요.

9 각기둥에서 두 밑면과 만나는 면은 모두 어떤 도형인가요?

( )

1단계 개념 빠삭 ❷ 각기둥(2)

▶ 개념동영상 2-②

❶ 각기둥의 이름 알아보기

각기둥의 이름은 **밑면의 모양**에 따라 정해집니다.

각기둥	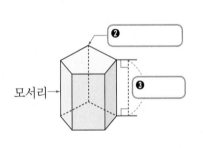		
밑면의 모양	삼각형	사각형	❶
옆면의 모양	직사각형	직사각형	직사각형
이름	삼각기둥	사각기둥	오각기둥

직육면체도 사각기둥이야.

❷ 각기둥의 구성 요소 알아보기

각기둥에서 **면과 면이 만나는 선분을 모서리**라 하고, **모서리와 모서리가 만나는 점을 꼭짓점**이라고 하며, **두 밑면 사이의 거리를 높이**라고 합니다.

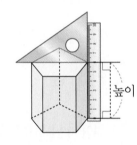

모서리→

❷

❸

높이

각기둥의 높이는 옆면끼리 만나서 생긴 모서리의 길이를 재면 돼.

두 밑면의 대응점을 이은 선분의 길이를 재어도 돼.

정답 확인 | ❶ 오각형 ❷ 꼭짓점 ❸ 높이

32

예제 문제 ①

각기둥을 보고 물음에 답하세요.

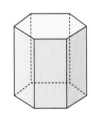

(1) 밑면의 모양은 어떤 도형인가요?

( )

(2) 각기둥의 이름을 쓰세요.

( )

예제 문제 ②

각기둥의 구성 요소의 이름을 찾아 이어 보세요.

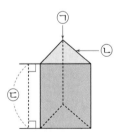

㉠ •	• 모서리
㉡ •	• 높이
㉢ •	• 꼭짓점

[1~3] 각기둥을 보고 □ 안에 알맞은 각기둥의 이름을 써넣으세요.

1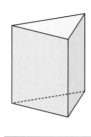

2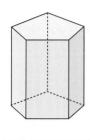

3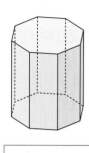

[4~6] 각기둥에서 모서리는 파란색으로, 꼭짓점은 빨간색으로 모두 표시해 보세요.

4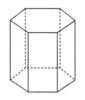

5

6

[7~8] 각기둥을 보고 물음에 답하세요.

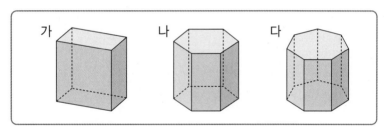

7 밑면의 모양과 각기둥의 이름을 차례로 쓰세요.

가 ➡ ( ), ( )

나 ➡ ( ), ( )

다 ➡ ( ), ( )

8 각기둥을 보고 빈칸에 알맞은 수를 써넣으세요.

	면의 수(개)	모서리의 수(개)	꼭짓점의 수(개)
가			8
나	8		
다		21	

각기둥에서 면의 수는 밑면의 수와 옆면의 수를 더해.

2

각기둥과 각뿔

33

1 각기둥 ⑴

1 □ 안에 알맞은 말을 써넣으세요.

> 각기둥에서 서로 평행하고 합동인 두 면을
> [   ]이라 하고, 두 밑면과 만나는 면을
> [   ]이라고 합니다.

[2~4] 입체도형을 보고 물음에 답하세요.

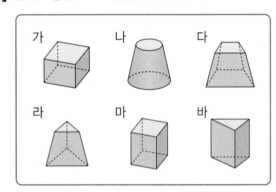

가   나   다

라   마   바

2 위와 아래에 있는 면이 서로 평행한 다각형으로 이루어진 입체도형을 모두 찾아 기호를 쓰세요.

(   )

3 서로 평행한 두 면이 합동인 다각형으로 이루어진 입체도형을 모두 찾아 기호를 쓰세요.

(   )

4 위 **3**에서 찾은 입체도형을 무엇이라고 하는지 쓰세요.

(   )

[5~6] 각기둥을 보고 물음에 답하세요.

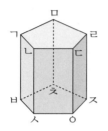

5 밑면을 모두 찾아 쓰세요.

면 ㄱㄴㄷㄹㅁ, 면 [   ]

6 옆면을 모두 찾아 쓰세요.

면 ㄱㅂㅅㄴ, 면 ㄴㅅㅇㄷ, 면 [   ],
면 [   ], 면 [   ]

7 각기둥에서 두 밑면과 만나는 면은 모두 **몇** 개인지 구하세요.

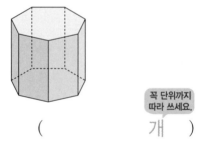

꼭 단위까지
따라 쓰세요.

(개   )

8 각기둥의 특징을 잘못 말한 사람은 누구인가요?

> 각기둥의 옆면의 모양은
> 모두 직사각형이야.

> 각기둥의 밑면과 옆면은
> 서로 평행해.

건우   서아

(   )

2 각기둥 ⑵

9 각기둥을 보고 □ 안에 알맞은 말을 써넣으세요.

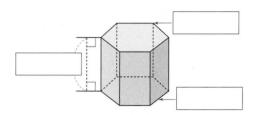

10 은우가 말하는 각기둥의 이름을 쓰세요.

> 밑면의 모양이
> 오각형이야.

은우

(   )

[11~12] 각기둥을 보고 물음에 답하세요.

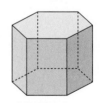

11 면은 모두 **몇** 개인가요?

꼭 단위까지
따라 쓰세요.

(개   )

12 모서리와 모서리가 만나는 점은 모두 **몇** 개인가요?

(개   )

[13~14] 각기둥을 보고 물음에 답하세요.

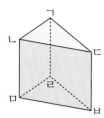

13 모서리는 모두 **몇** 개인가요?

(개   )

14 높이를 잴 수 있는 모서리를 모두 찾아 쓰세요.

(   )

15 각기둥을 보고 빈칸에 알맞은 수를 써넣으세요.

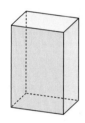

한 밑면의 변의 수(개)	면의 수(개)	모서리의 수(개)	꼭짓점의 수(개)

16 각기둥을 보고 빈칸에 알맞은 수를 써넣으세요.

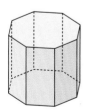

한 밑면의 변의 수(개)	면의 수(개)	모서리의 수(개)	꼭짓점의 수(개)

❶ 각기둥의 전개도 알아보기

각기둥의 **모서리를 잘라서** 평면 위에 **펼쳐 놓은** 그림을 각기둥의 **전개도**라고 합니다.

예 삼각기둥의 전개도

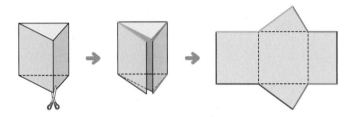

각기둥의 전개도는
어느 모서리를 자르는지에 따라
여러 가지 모양이 나올 수 있어.

• 삼각기둥의 전개도에서 밑면은 삼각형 2개, 옆면은 직사각형 ❶⬚개로 이루어져 있습니다.
• **같은 색**으로 표시한 선분은 전개도를 처음 모양으로 접었을 때 **서로 맞닿으므로** 길이가 같습니다.

❷ 여러 가지 각기둥의 전개도 알아보기

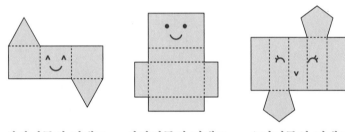

삼각기둥의 전개도 　사각기둥의 전개도 　오각기둥의 전개도

❷⬚의 모양을 보면 어떤
각기둥의 전개도인지 알 수 있어.

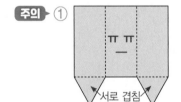

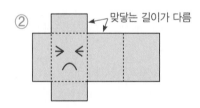

① 접었을 때 면이 서로 겹치므로 각기둥의 전개도가 될 수 없습니다.
② 접었을 때 맞닿는 선분의 길이가 다르므로 각기둥의 전개도가 될 수 없습니다.

정답 확인 | ❶ 3 ❷ 밑면

예제 문제 ❶

☐ 안에 알맞은 말을 써넣으세요.

각기둥의 모서리를 잘라서 평면 위에 펼쳐 놓은 그림을 각기둥의 ☐라고 합니다.

예제 문제 ❷

전개도를 접었을 때 초록색으로 표시한 선분과 맞닿는 선분을 찾아 ─로 표시해 보세요.

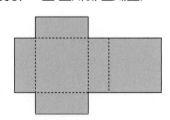

[1~2] 어떤 입체도형의 전개도인지 쓰세요.

1

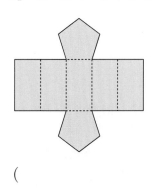

(   )

2

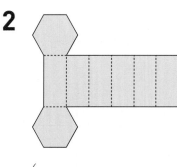

(   )

[3~4] 사각기둥 모양인 상자의 모서리를 잘라서 펼친 그림입니다. 물음에 답하세요.

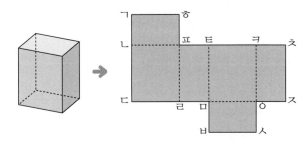

3 펼친 그림을 처음 모양으로 다시 접을 때 선분 ㄱㅎ과 맞닿는 선분을 찾아 쓰세요.

(   )

4 펼친 그림을 처음 모양으로 다시 접을 때 선분 ㄴㄷ과 맞닿는 선분을 찾아 쓰세요.

(   )

[5~6] 왼쪽 전개도를 접어서 오른쪽 각기둥을 만들었습니다. ☐ 안에 알맞은 수를 써넣으세요.

5

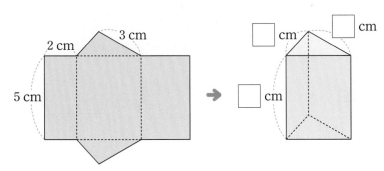

6

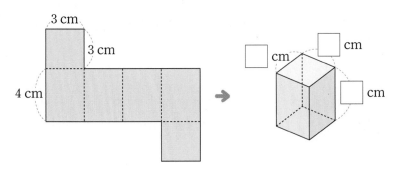

> 각기둥의 전개도를
> 접었을 때 맞닿는 선분의
> 길이는 같아.

개념 빠삭 ④ 각기둥의 전개도 그리기

▶ 개념동영상 2-④

1 삼각기둥의 전개도 그리기

예)

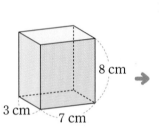

1 cm
1 cm

삼각기둥의 전개도를
서로 다른 모양으로 그렸어!

전개도는 어느 **❶** 를 자르는지에 따라 다양하게 그릴 수 있습니다.

2 사각기둥의 전개도 그리기

예)

1 cm
1 cm

전개도를 접었을 때 맞닿는
선분의 길이가 같은지
확인해 봐.

전개도를 그릴 때 잘린 모서리는 실선으로, 잘리지 않은 모서리는 **❷** 으로 그립니다.

정답 확인 | ❶ 모서리 ❷ 점선

예제 문제 1

밑면이 사다리꼴인 사각기둥의 전개도를 완성해 보세요.

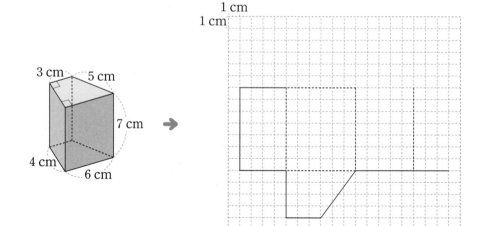

1 cm
1 cm

38

[1~2] 각기둥을 보고 각기둥의 전개도를 완성해 보세요.

1

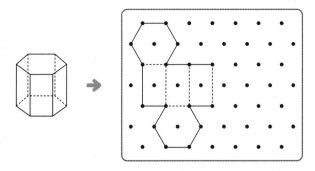

밑면과 옆면이 각각
몇 개 더 있어야
전개도를 완성할 수
있는지 생각해 봐.

2

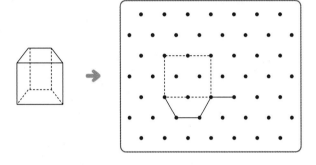

[3~4] 오른쪽 사각기둥의 전개도를 서로 다른 모양으로 그린 것입니다. 전개도를 완성해 보세요.

3

1 cm
1 cm

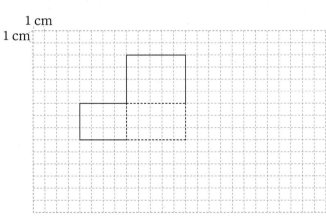

각기둥의 전개도는 어느
모서리를 자르는지에 따라
다양하게 그릴 수 있어!

4

1 cm
1 cm

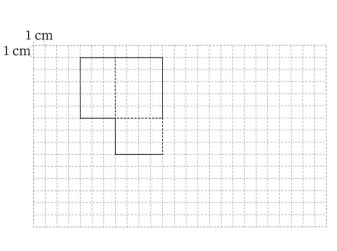

전개도를 접었을 때
맞닿는 선분의 길이가
같은지 확인하며 그려 봐.

3 각기둥의 전개도 알아보기

1 전개도를 접으면 어떤 입체도형이 되는지 쓰세요.

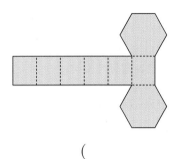

( )

[2~3] 전개도를 보고 물음에 답하세요.

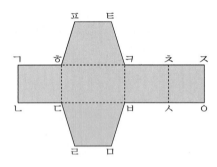

2 전개도를 접었을 때 선분 ㅅㅇ과 맞닿는 선분을 찾아 쓰세요.

( )

3 전개도를 접었을 때 면 ㄷㄹㅁㅂ과 만나는 면은 모두 몇 개인가요?

꼭 단위까지 따라 쓰세요.

(개)

4 전개도를 접었을 때 만들어지는 각기둥의 모서리는 모두 몇 개인가요?

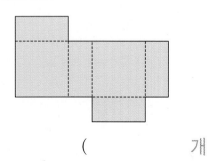

(개)

5 삼각기둥의 전개도를 바르게 그린 사람의 이름을 쓰세요.

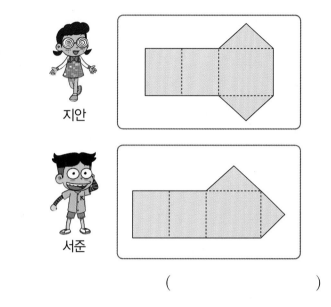

지안

서준

( )

🅵 서술형 첫 단계

6 전개도로 삼각기둥을 만들 수 없는 까닭을 쓰세요.

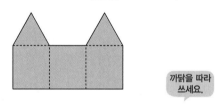

까닭을 따라 쓰세요.

까닭 전개도를 접었을 때 서로 겹치는

□이 있습니다.

7 각기둥 모양인 상자의 모서리를 잘라 전개도를 만들었습니다. □ 안에 알맞은 수를 써넣으세요.

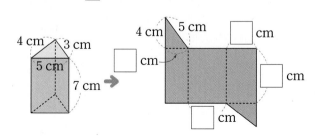

4 각기둥의 전개도 그리기

8 □ 안에 알맞은 말을 써넣으세요.

전개도를 그릴 때 잘린 모서리는 □으로, 잘리지 않은 모서리는 □으로 그립니다.

9 밑면이 사다리꼴인 오른쪽 사각기둥의 전개도를 완성해 보세요.

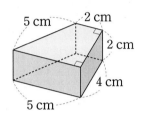

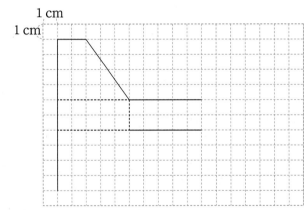

10 오른쪽 사각기둥의 전개도를 그려 보세요.

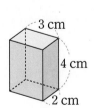

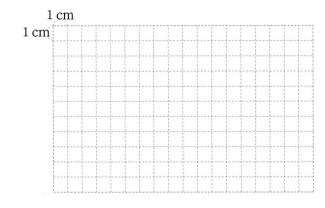

11 오른쪽 사각기둥을 보고 소윤이가 그린 전개도입니다. 빠진 부분을 그려 넣어 완성해 보세요.

소윤

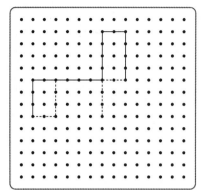

[12~13] 한 밑면이 다음과 같고, 높이가 3 cm인 삼각기둥의 전개도를 서로 다른 모양으로 그려 보세요.

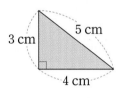

전개도를 접었을 때 맞닿는 선분의 길이가 같은지 확인하면서 그려야 해.

12

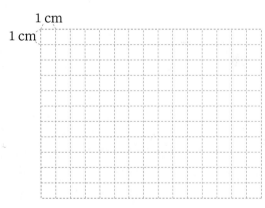

13

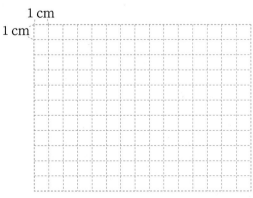

1단계 개념 빠삭

5 각뿔(1)

1 각뿔 알아보기

• 입체도형을 기준에 따라 분류하기

가 나 다 라 마 바

— 각기둥은 나, 라이고 각기둥이 아닌 입체도형은 가, 다, 마, 바입니다.
— 각기둥이 아니면서 모든 면이 다각형인 뿔 모양의 입체도형은 다, [❶], 바입니다.

 , , 등과 같은 입체도형을 **각뿔**이라고 합니다.

2 각뿔의 밑면과 옆면 알아보기

• 각뿔에서 면 ㄴㄷㄹㅁ과 같은 면을 **밑면**이라고 합니다.
• 각뿔에서 면 ㄱㄴㄷ, 면 ㄱㄷㄹ, 면 ㄱㄹㅁ, 면 ㄱㅁㄴ과 같이 **밑면과 만나는 면을 옆면**이라고 합니다.

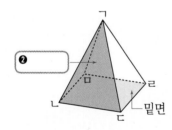

❷[   ]

각뿔의 밑면은 다각형이야!

각뿔의 옆면은 모두 삼각형이야.

정답 확인 | ❶ 마 ❷ 옆면

예제 문제 ①

각뿔을 모두 찾아 기호를 쓰세요.

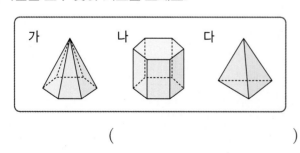

가   나   다

(   )

예제 문제 ②

각뿔을 보고 □ 안에 알맞은 말을 써넣으세요.

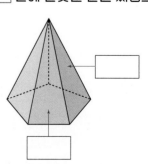

정답과 해설 **9**쪽

[1~3] 입체도형을 보고 물음에 답하세요.

| 가 | 나 | 다 | 라 | 마 | 바 |

1 각기둥이 <u>아닌</u> 입체도형을 모두 찾아 기호를 쓰세요.

(   )

2 위 **1**에서 찾은 입체도형 중에서 모든 면이 다각형인 뿔 모양의 입체도형을 모두 찾아 기호를 쓰세요.

(   )

3 각뿔을 모두 찾아 기호를 쓰세요.

(   )

각뿔은 밑면이 다각형이고
옆면이 모두 삼각형인
뿔 모양의 입체도형이야.

[4~6] 각뿔을 보고 밑면을 각각 찾아 쓰세요.

4

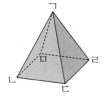

면 ☐

5

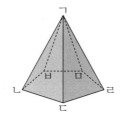

면 ☐

6

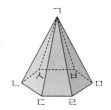

면 ☐

[7~8] 각뿔을 보고 물음에 답하세요.

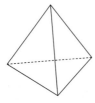

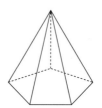

7 각뿔에서 밑면은 ○표, 옆면은 △표 하세요.

8 각뿔에서 옆면은 모두 어떤 도형인가요?

(   )

▶ 개념동영상 2-⑥

❶ **각뿔의 이름 알아보기**

각뿔의 이름은 **밑면의 모양**에 따라 정해집니다.

각뿔	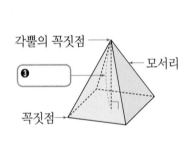		
밑면의 모양	삼각형	사각형	오각형
옆면의 모양	삼각형	❶	삼각형
이름	삼각뿔	사각뿔	❷

❷ **각뿔의 구성 요소 알아보기**

• 각뿔에서 면과 면이 만나는 선분을 모서리라 하고, 모서리와 모서리가 만나는 점을 꼭짓점이라고 합니다.

• 꼭짓점 중에서도 옆면이 모두 만나는 점을 각뿔의 꼭짓점이라 하고, **각뿔의 꼭짓점에서 밑면에 수직인 선분의 길이를 높이**라고 합니다.

각뿔의 꼭짓점 ——
❸ ——
모서리
꼭짓점

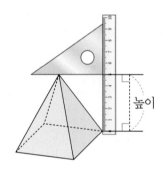
높이

각뿔의 높이를 잴 때 자와 삼각자의 직각을 이용하면 정확하고 쉽게 잴 수 있어.

정답 확인 | ❶ 삼각형   ❷ 오각뿔   ❸ 높이

2

각기둥과 각뿔

44

예제 문제 ❶

각뿔을 보고 물음에 답하세요.

⑴ 밑면의 모양은 어떤 도형인가요?

(   )

⑵ 각뿔의 이름을 쓰세요.

(   )

예제 문제 ❷

각뿔을 보고 ㉠, ㉡, ㉢에 알맞은 구성 요소의 이름을 각각 쓰세요.

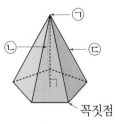

㉠
㉡   ㉢
꼭짓점

㉠ (   )

㉡ (   )

㉢ (   )

[1~3] 각뿔을 보고 □ 안에 알맞은 각뿔의 이름을 써넣으세요.

1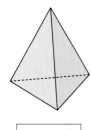

2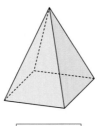

3

[4~6] 각뿔에서 모서리는 파란색으로, 꼭짓점은 빨간색으로 모두 표시해 보세요.

4

5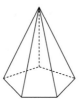

6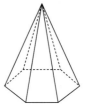

[7~8] 각뿔을 보고 물음에 답하세요.

가   나   다

7 밑면의 모양과 각뿔의 이름을 차례로 쓰세요.

가 ➡ (   ), (   )

나 ➡ (   ), (   )

다 ➡ (   ), (   )

8 각뿔을 보고 빈칸에 알맞은 수를 써넣으세요.

	면의 수(개)	모서리의 수(개)	꼭짓점의 수(개)
가			5
나	6		
다		14	

각뿔에서 면의 수와
꼭짓점의 수는 같아.

5 각뿔⑴

1 □ 안에 알맞은 말을 써넣으세요.

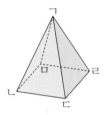

(1) 각뿔에서 면 ㄴㄷㄹㅁ과 같은 면을 □ 이라고 합니다.

(2) 각뿔에서 밑면과 만나는 면을 □ 이라고 합니다.

[2~4] 입체도형을 보고 물음에 답하세요.

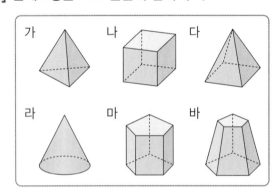

2 각기둥이 아니면서 모든 면이 다각형인 입체도형을 모두 찾아 기호를 쓰세요.

( )

3 각뿔을 모두 찾아 기호를 쓰세요.

( )

4 위 **3**에서 찾은 각뿔의 옆면의 모양을 그려 보세요.

5 각뿔의 밑면이 면 ㄴㄷㄹ일 때 옆면을 모두 찾아 쓰세요.

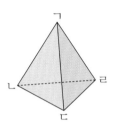

( )

반복문제

6 각뿔을 보고 밑면과 옆면을 모두 찾아 쓰세요.

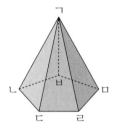

밑면: 면 □

옆면: 면 ㄱㄴㄷ, 면 ㄱㄷㄹ,

면 □, 면 □, 면 □

7 각뿔에 대한 설명으로 옳은 것에 ○표, 틀린 것에 ×표 하세요.

(1) 각뿔의 옆면은 사각형입니다. ( )

(2) 각뿔의 밑면은 다각형입니다. ( )

(3) 각뿔은 모든 면이 다각형입니다. ( )

1 서술형 첫 단계

8 다음 입체도형이 각뿔이 <u>아닌</u> 까닭을 쓰세요.

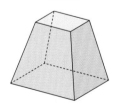

까닭을 따라 쓰세요.

까닭 옆면이 □ 인 뿔 모양의 입체

도형이 아니므로 각뿔이 아닙니다.

6 각뿔(2)

9 각뿔을 보고 □ 안에 알맞은 말을 써넣으세요.

밑면의 모양: ☐

각뿔의 이름: ☐

[10~11] 각뿔을 보고 물음에 답하세요.

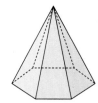

 각뿔의 구성 요소를 잘 떠올려봐.

10 면과 면이 만나는 선분은 모두 **몇** 개인가요?

꼭 단위까지 따라 쓰세요.

(　　개　)

11 모서리와 모서리가 만나는 점은 모두 **몇** 개인가요?

(　　개　)

12 다음 각뿔에서 각뿔의 꼭짓점을 찾아 • 으로 표시해 보세요.

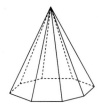

13 각뿔의 높이를 바르게 잰 것에 ◯표 하세요.

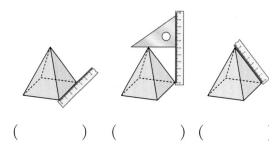

(　　) (　　) (　　)

14 각뿔에서 꼭짓점을 모두 찾아 쓰세요.

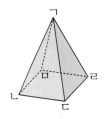

_____

_____

15 각뿔에 대해 **잘못** 설명한 사람은 누구인가요?

 꼭짓점 중에서도 옆면이 모두 만나는 점을 각뿔의 꼭짓점이라고 해!

은우

옆면과 옆면이 만나는 선분의 길이가 높이야.

유찬

(　　　　)

16 옆면의 모양이 모두 삼각형이고, 밑면의 모양이 십각형인 입체도형의 이름을 쓰세요.

(　　　　)

2

각기둥과 각뿔

47

TEST 2단원 평가

[1~3] 도형을 보고 물음에 답하세요.

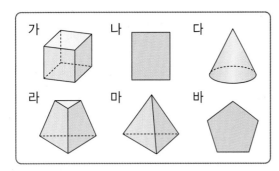

가 나 다
라 마 바

1 입체도형을 모두 찾아 기호를 쓰세요.

(   )

2 각기둥을 찾아 기호를 쓰세요.

(   )

3 각뿔을 찾아 기호를 쓰세요.

(   )

4 각기둥의 이름을 쓰세요.

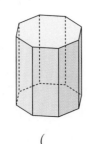

(   )

5 각기둥을 보고 □ 안에 알맞은 말을 써넣으세요.

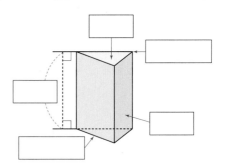

6 각뿔의 구성 요소의 이름을 찾아 이어 보세요.

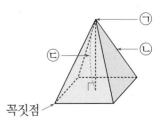

꼭짓점

ㄱ ·   · 각뿔의 꼭짓점

ㄴ ·   · 높이

ㄷ ·   · 모서리

7 각기둥에서 밑면을 모두 찾아 쓰세요.

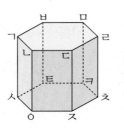

(   )

8 팔각뿔에서 밑면과 만나는 면은 모두 몇 개인지 구하세요.

(   )

9 밑면의 모양이 다음과 같은 각뿔의 이름을 쓰세요.

(   )

10 각기둥의 높이는 몇 cm인가요?

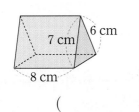

(   )

11 각기둥의 전개도를 바르게 그린 것의 기호를 쓰세요.

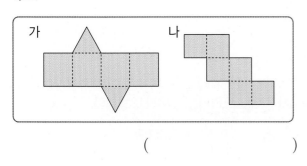

(   )

12 사각기둥에 대한 설명으로 옳은 것을 모두 고르세요. ························· (   )

① 면은 4개입니다.
② 밑면은 1개입니다.
③ 모서리는 8개입니다.
④ 옆면의 모양은 직사각형입니다.
⑤ 밑면의 모양은 사각형입니다.

13 전개도를 접었을 때 면 ㅋㅇㅈㅊ과 마주 보는 면을 찾아 쓰세요.

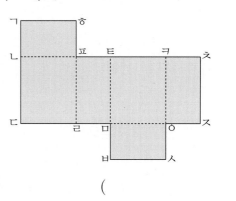

(   )

14 각뿔을 보고 빈칸에 알맞은 수를 써넣으세요.

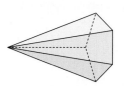

밑면의 변의 수(개)	면의 수(개)	모서리의 수(개)	꼭짓점의 수(개)

15 밑면이 사다리꼴인 사각기둥의 전개도를 완성해 보세요.

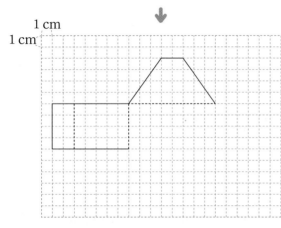

16 전개도를 접어서 각기둥을 만들었습니다. □ 안 에 알맞은 수를 써넣으세요.

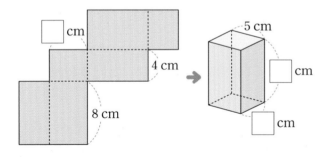

① 서술형 첫 단계

17 각기둥과 각뿔의 차이점을 한 가지 쓰세요.

차이점 _____

_____

18 전개도를 접었을 때 만들어지는 각기둥의 꼭짓점 의 수를 구하세요.

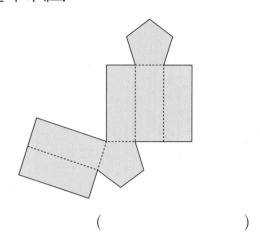

(   )

19 밑면이 정사각형이고 옆면이 이등변삼각형인 각뿔 입니다. 이 각뿔의 모서리의 길이의 합은 몇 cm 인가요?

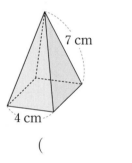

(   )

20 면, 모서리, 꼭짓점의 수가 다음과 같은 입체도형 의 이름을 쓰세요.

면의 수(개)	모서리의 수(개)	꼭짓점의 수(개)
5	9	6

(   )

해결 팁!

18. 각기둥은 밑면의 모양에 따라 삼각기둥, 사각기둥, 오각기둥, ...이라고 합니다.

예 ➡ 삼각기둥   ➡ 사각기둥   ➡ 오각기둥

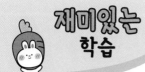

 지우네 가족이 이집트 여행을 갔습니다. 두 그림에서 서로 다른 3곳을 찾아 ○표 하고 물음에 답하세요.

피라미드는 밑면이 사각형이고 옆면이 모두 삼각형으로 이루어진 각뿔 모양이야.

피라미드는 밑면의 모양이 [   ]이니까

각뿔의 이름은 [   ]이네.

피라미드의 높이는 어떻게 잴 수 있을까?

옆면이 모두 만나는 점인 각뿔의 [   ]에서 밑면에 (평행하게, 수직으로) 내린 선분의 길이를 재면 알 수 있어!

3 소수의 나눗셈

3단원 학습 계획표

✔ 이 단원의 표준 학습 일수는 4일입니다. 계획대로 공부한 후 확인란에 사인을 받으세요.

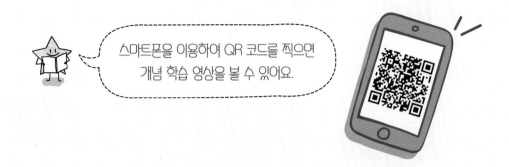

스마트폰을 이용하여 QR 코드를 찍으면 개념 학습 영상을 볼 수 있어요.

🍎 쓰려던 것이 없으면 그와 비슷한 것으로 대신 쓸 수 있음을 나타내는 속담은?

개념 빠삭

1 (소수)÷(자연수) ⑴

▶ 개념동영상 3-①

1 어림셈을 이용하여 32.4÷4의 몫을 어림하는 방법 알아보기

방법 1 32.4의 자연수 부분만 생각하여 **32**÷4=**❶** 로 어림했습니다.

방법 2 32.4를 소수 첫째 자리에서 반올림하여 **32**÷4=**8**로 어림했습니다.

➡ 32.4÷4의 몫을 약 **8**로 어림할 수 있습니다.

2 각 자리에서 나누어떨어지는 (소수)÷(자연수)의 계산

⑴ 264와 26.4를 각각 똑같이 2묶음으로 묶어 몫 구하여 비교하기

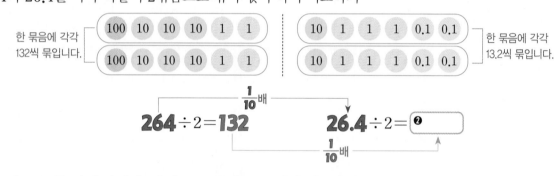

⑵ 264와 2.64를 각각 똑같이 2묶음으로 묶어 몫 구하여 비교하기

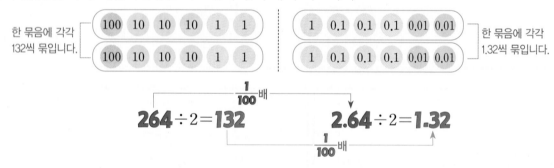

나누는 수가 같을 때 나누어지는 수가 $\frac{1}{10}$배, $\frac{1}{100}$배가 되면 몫도 $\frac{1}{10}$배, $\frac{1}{100}$배가 됩니다.

정답 확인 | ❶ 8　❷ 13.2

예제 문제 1

보기 와 같이 소수를 반올림하여 자연수로 나타내 어림해 보세요.

보기

$$9.7 \div 5 \Rightarrow 10 \div 5 \Rightarrow 약 2$$

$17.7 \div 3 \Rightarrow \boxed{} \div 3 \Rightarrow 약 \boxed{}$

예제 문제 2

자연수의 나눗셈을 이용하여 계산하려고 합니다. □ 안에 알맞은 수를 써넣으세요.

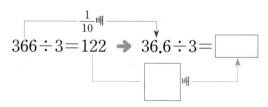

[1~2] ☐ 안에 알맞은 수를 써넣으세요.

1

끈 36.9 cm를 3조각으로 똑같이 나누면

1 cm＝10 mm이므로

36.9 cm＝ ☐ mm입니다.

369÷3＝ ☐ 이고,

123 mm＝ ☐ cm이므로

한 조각의 길이는 ☐ cm입니다.

2

끈 8.44 m를 4조각으로 똑같이 나누면

1 m＝100 cm이므로

8.44 m＝ ☐ cm입니다.

844÷4＝ ☐ 이고,

211 cm＝ ☐ m이므로

한 조각의 길이는 ☐ m입니다.

[3~4] 빈칸에 알맞은 수를 써넣으세요.

3

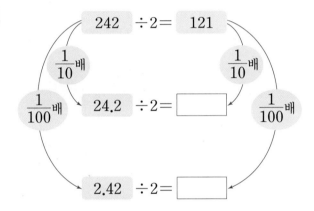

4

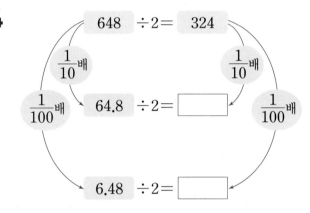

[5~8] 자연수의 나눗셈을 이용하여 소수의 나눗셈을 계산해 보세요.

5

426÷2＝213

42.6÷2＝ ☐

4.26÷2＝ ☐

6

488÷4＝122

48.8÷4＝ ☐

4.88÷4＝ ☐

7

842÷2＝421

84.2÷2＝ ☐

8.42÷2＝ ☐

8

936÷3＝312

93.6÷3＝ ☐

9.36÷3＝ ☐

1 단계 개념 **빠삭** ❷ (소수)÷(자연수) (2)

 각 자리에서 나누어떨어지지 않는 7.26÷3의 계산

방법 1 분수의 나눗셈 이용

소수 두 자리 수를 분모가 100인 분수로 바꾸어 분수의 나눗셈을 계산합니다.

$$7.26 \div 3 = \frac{726}{100} \div 3 = \frac{726 \div 3}{100} = \frac{242}{100} = 2.42$$

방법 2 자연수의 나눗셈 이용

나누어지는 수가 $\frac{1}{100}$배가 되면 몫도 $\frac{1}{100}$배가 됩니다.

$$726 \div 3 = 242 \qquad 7.26 \div 3 = ❶$$

방법 3 세로로 계산

```
    2 4 2              2.4 2
3) 7 2 6      →     3) 7.2 6
   6                   6
   ‾‾‾                 ‾‾‾
   1 2                 1 2
   1 2                 1 2
   ‾‾‾                 ‾‾‾
       6                 ❷
       6                   6
     ‾‾‾               ‾‾‾
       0                 0
```

자연수의 나눗셈과 같은 방법으로 계산하면서 나누어지는 수의 소수점 위치에 맞추어 몫의 소수점을 올려 찍어.

나누어지는 수의 소수점 위치에 맞추어 몫의 소수점을 찍습니다.

정답 확인 | ❶ 2.42 ❷ 6

예제 문제 1

18.2÷7을 자연수의 나눗셈을 이용하여 계산하려고 합니다. □ 안에 알맞은 수를 써넣으세요.

(1) 나누는 수가 같을 때 나누어지는 수가 $\frac{1}{10}$배

가 되면 몫도 $\frac{1}{□}$배가 됩니다.

(2) 182÷7=26 ➡ 18.2÷7=□

예제 문제 2

7.95÷5를 계산한 식을 보고 알맞은 위치에 소수점을 찍어 보세요.

```
       1□5□9
   5) 7.9 5
      5
      ‾‾‾
      2 9
      2 5
      ‾‾‾
        4 5
        4 5
        ‾‾‾
          0
```

[1~2] 소수의 나눗셈을 분수의 나눗셈으로 바꾸어 계산하려고 합니다. ☐ 안에 알맞은 수를 써넣으세요.

1 $29.4 \div 3 = \dfrac{\boxed{}}{10} \div 3 = \dfrac{\boxed{} \div 3}{10} = \dfrac{\boxed{}}{10} = \boxed{}$

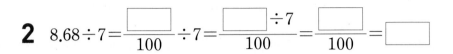

소수 한 자리 수는
분모가 10인 분수로,
소수 두 자리 수는
분모가 100인 분수로
바꾸어 계산해.

2 $8.68 \div 7 = \dfrac{\boxed{}}{100} \div 7 = \dfrac{\boxed{} \div 7}{100} = \dfrac{\boxed{}}{100} = \boxed{}$

[3~6] 자연수의 나눗셈을 이용하여 소수의 나눗셈을 계산해 보세요.

3 $175 \div 7 = 25$

→ $17.5 \div 7 = \boxed{}$

4 $324 \div 9 = 36$

→ $32.4 \div 9 = \boxed{}$

5 $336 \div 2 = 168$

→ $3.36 \div 2 = \boxed{}$

6 $1968 \div 6 = 328$

→ $19.68 \div 6 = \boxed{}$

[7~12] 계산해 보세요.

7 $6 \overline{)5\,0.4}$

8 $3 \overline{)1\,4.4}$

9 $8 \overline{)4\,3.2}$

10 $2 \overline{)3.7\,4}$

11 $3 \overline{)1\,7.8\,2}$

12 $6 \overline{)3\,1.5\,6}$

3 소수의 나눗셈

❶ (소수)÷(자연수)(1)

1 21.3÷3을 어림하여 계산하려고 합니다. ☐ 안에 알맞은 수를 써넣으세요.

> 소수 21.3을 자연수 부분만 생각하면
> 21.3÷3 ➡ ☐ ÷3이므로 21.3÷3의
> 몫을 약 ☐ (으)로 어림할 수 있습니다.

2 자연수의 나눗셈을 이용하여 소수의 나눗셈을 계산해 보세요.

$$339÷3=113$$
$$33.9÷3=\boxed{}$$
$$3.39÷3=\boxed{}$$

반복문제 3 자연수의 나눗셈을 이용하여 소수의 나눗셈을 계산해 보세요.

$$422÷2=211$$
$$42.2÷2=\boxed{}$$
$$4.22÷2=\boxed{}$$

4 소수를 반올림하여 자연수로 나타내 어림한 결과가 더 큰 것에 ◯표 하세요.

183.76÷8	144.36÷6
( )	( )

5 닭 한 마리가 하루에 먹는 먹이의 양을 표에 써넣으세요.

동물	네 마리가 하루에 먹는 먹이의 양(g)	한 마리가 하루에 먹는 먹이의 양(g)
염소	848	848÷4=212
닭	84.8	

6 일정한 빠르기로 물이 나오는 수도에서 2분 동안 물 24.4 L가 나옵니다. 이 수도에서 1분 동안 나오는 물은 몇 L인가요?

꼭 단위까지 따라 쓰세요.

(L)

서술형 첫 단계

7 ☐ 안에 알맞은 수를 써넣고, 그 까닭을 쓰세요.

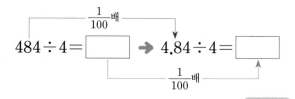

$$484÷4=\boxed{} \;➡\; 4.84÷4=\boxed{}$$

까닭을 따라 쓰세요.

까닭 나누어지는 수가 ☐ 배가 되면

_____

몫도 ☐ 배가 됩니다.

2 (소수)÷(자연수)(2)

8 □ 안에 알맞은 수를 써넣으세요.

$$
\begin{array}{r}
5\ 2 \\
8\overline{)4\ 1\ 6} \\
4\ 0 \\
\hline
1\ 6 \\
1\ 6 \\
\hline
0
\end{array}
\quad \Rightarrow \quad
\begin{array}{r}
\boxed{} \\
8\overline{)4\ 1.6} \\
4\ 0 \\
\hline
1\ 6 \\
\boxed{} \\
\hline
0
\end{array}
$$

9 빈칸에 알맞은 수를 써넣으세요.

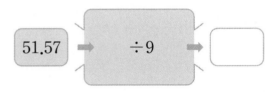

10 큰 수를 작은 수로 나눈 몫을 구하세요.

38.1	3

( )

11 계산 결과를 찾아 이어 보세요.

13.15÷5 •

17.04÷8 •

• 2.13

• 2.43

• 2.63

[12~13] 다음 나눗셈을 두 가지 방법으로 계산하려고 합니다. 물음에 답하세요.

$$91.2 \div 8$$

12 분수의 나눗셈으로 바꾸어 계산해 보세요.

13 자연수의 나눗셈을 이용하여 계산해 보세요.

1 서술형 첫 단계

14 소윤이네 강아지의 무게는 6.76 kg이고, 고양이의 무게는 4 kg입니다. 강아지의 무게는 고양이 무게의 **몇 배**인가요?

6.76 kg   4 kg

식 _____ 꼭 단위까지 따라 쓰세요.

답 _____ 배

몫이 1보다 작은 3.48÷4의 계산

3.48÷4의 몫이 1보다 큰지 작은지 어림해 볼까?

나누어지는 수인 3.48이 나누는 수인 4보다 작으니까 3.48÷4의 몫은 1보다 작아.

방법 1 분수의 나눗셈 이용

$$3.48 \div 4 = \frac{348}{100} \div 4 = \frac{348 \div 4}{100} = \frac{87}{100} = \boxed{①}$$

분모가 100인 분수로 바꾸기

방법 2 자연수의 나눗셈 이용

나누어지는 수가 $\frac{1}{100}$배가 되면 몫도 $\frac{1}{100}$배가 됩니다.

$\frac{1}{100}$배

$$348 \div 4 = 87 \qquad 3.48 \div 4 = 0.87$$

$\frac{1}{100}$배

방법 3 세로로 계산

```
      8 7              0.8 7
  4 ) 3 4 8    →    4 ) 3.4 8
      3 2              3 2
        2 8              2 8
        2 8              2 8
          0                0
```

- 나누어지는 수가 나누는 수보다② (작을 , 클) 경우 몫의 자연수 부분에 **0**을 씁니다.
- 몫의 소수점은 나누어지는 수의 소수점 위치에 맞추어 찍습니다.

정답 확인 | ① 0.87 ② 작을에 ○표

3
소수의 나눗셈

60

예제 문제 1

소수의 나눗셈을 분수의 나눗셈으로 바꾸어 계산하려고 합니다. □ 안에 알맞은 수를 써넣으세요.

(1) $4.56 \div 6 = \dfrac{\boxed{}}{100} \div 6 = \dfrac{\boxed{} \div 6}{100}$

$= \dfrac{\boxed{}}{100} = \boxed{}$

(2) $6.21 \div 9 = \dfrac{\boxed{}}{100} \div 9 = \dfrac{\boxed{} \div 9}{100}$

$= \dfrac{\boxed{}}{100} = \boxed{}$

예제 문제 2

보기 와 같이 자연수의 나눗셈을 이용하여 계산하려고 합니다. □ 안에 알맞은 수를 써넣으세요.

보기
$$208 \div 4 = 52 \Rightarrow 2.08 \div 4 = 0.52$$

(1) $36 \div 2 = \boxed{} \Rightarrow 0.36 \div 2 = \boxed{}$

(2) $156 \div 6 = \boxed{} \Rightarrow 1.56 \div 6 = \boxed{}$

(3) $415 \div 5 = \boxed{} \Rightarrow 4.15 \div 5 = \boxed{}$

[1~2] □ 안에 알맞은 수를 써넣으세요.

1
$$\begin{array}{r} 0. \\ 4\overline{)3.6\,8} \end{array}$$
➡
$$\begin{array}{r} 0.\square\square \\ 4\overline{)3.6\ 8} \\ \underline{3\ 6} \\ 8 \\ \underline{\square} \\ 0 \end{array}$$

2
$$\begin{array}{r} 0. \\ 9\overline{)7.6\,5} \end{array}$$
➡
$$\begin{array}{r} 0.\square\square \\ 9\overline{)7.6\ 5} \\ \underline{7\ 2} \\ 4\ 5 \\ \underline{\square\ \square} \\ 0 \end{array}$$

[3~4] 보기 와 같이 계산해 보세요.

> 보기
> $$1.72 \div 4 = \frac{172}{100} \div 4 = \frac{172 \div 4}{100} = \frac{43}{100} = 43 \times \frac{1}{100} = 0.43$$

3 $2.85 \div 5 = \dfrac{\boxed{}}{100} \div 5 = \dfrac{\boxed{} \div 5}{100} = \dfrac{\boxed{}}{100} = \boxed{} \times \dfrac{1}{100} = \boxed{}$

4 $3.64 \div 7 = \dfrac{\boxed{}}{100} \div 7 = \dfrac{\boxed{} \div 7}{100} = \dfrac{\boxed{}}{100} = \boxed{} \times \dfrac{1}{\boxed{}} = \boxed{}$

3 소수의 나눗셈

61

[5~10] 계산해 보세요.

> 나누어지는 수가 나누는 수보다
> 작을 경우 몫의 자연수 부분에 0을 써.

5
$$5\overline{)0.8\ 5}$$

6
$$9\overline{)6.4\ 8}$$

7
$$8\overline{)2.3\ 2}$$

8 $2.08 \div 4$

9 $1.98 \div 3$

10 $4.68 \div 6$

▶ 개념동영상 3-④

🌱 소수점 아래 0을 내려 계산하는 3.7÷2의 계산

방법 1 분수의 나눗셈 이용

$$3.7 \div 2 = \frac{37}{10} \div 2 = \frac{370}{100} \div 2 = \frac{370 \div 2}{100} = \frac{185}{100} = \boxed{①}$$

$\frac{37}{10} \div 2$에서 37÷2가 나누어떨어지지 않으므로 분모를 100으로 바꿔 계산합니다.

방법 2 자연수의 나눗셈 이용

370÷2의 몫은 185이고, 3.7은 370의 $\frac{1}{100}$배입니다. 따라서 3.7÷2의 몫은 185의

$\frac{1}{100}$배인 1.85입니다.

$$\overset{\frac{1}{100}배}{370 \div 2 = 185} \qquad \overset{}{3.7 \div 2 = 1.85}$$
$$\underset{\frac{1}{①}배}{\boxed{②}}$$

방법 3 세로로 계산

```
    1 8 5              1.8 5
2) 3 7 0      →    2) 3.7 0
   2                   2
   1 7                 1 7
   1 6                 1 6
     1 0                 1 0
   ┌───┐                 1 0
   │ ③ │                   0
   └───┘
       0
```

 나누어떨어지지 않을 때에는 3.7의 오른쪽 끝자리에 0이 계속 있는 것으로 생각하고 0을 내려 계산해 봐.

몫의 소수점은 나누어지는 수의 소수점 위치에 맞추어 찍고 **소수점 아래에서 나누어떨 어지지 않는 경우 0을** 내려 계산합니다.

정답 확인 | ① 1.85   ② 100   ③ 10

3

소수의 나눗셈

예제 문제 1

소수의 나눗셈을 분수의 나눗셈으로 바꾸어 계산하려고 합니다. □ 안에 알맞은 수를 써넣으세요.

$$2.6 \div 5 = \frac{26}{\boxed{}} \div 5 = \frac{260}{\boxed{}} \div 5$$

$$= \frac{260 \div 5}{\boxed{}} = \frac{\boxed{}}{100} = \boxed{}$$

예제 문제 2

□ 안에 알맞은 수를 써넣으세요.

```
        □.4 □
4) 5.8 0
   4
   1 8
   □ □
     2 0
     2 0
       0
```

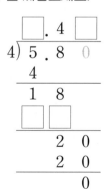

◇ 정답과 해설 **12**쪽

[1~2] 소수의 나눗셈을 분수의 나눗셈으로 바꾸어 계산하려고 합니다. □ 안에 알맞은 수를 써넣으세요.

1 $8.7 \div 2 = \dfrac{\boxed{}}{100} \div 2 = \dfrac{\boxed{} \div 2}{100} = \dfrac{\boxed{}}{100} = \boxed{}$

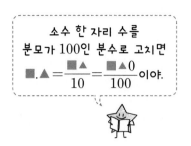

소수 한 자리 수를
분모가 100인 분수로 고치면
$\blacksquare.\blacktriangle = \dfrac{\blacksquare\blacktriangle}{10} = \dfrac{\blacksquare\blacktriangle 0}{100}$ 이야.

2 $18.4 \div 5 = \dfrac{\boxed{}}{100} \div 5 = \dfrac{\boxed{} \div 5}{100} = \dfrac{\boxed{}}{100} = \boxed{}$

[3~4] □ 안에 알맞은 수를 써넣으세요.

3
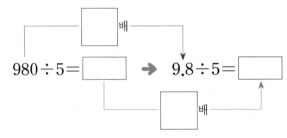

$980 \div 5 = \boxed{} \;\Rightarrow\; 9.8 \div 5 = \boxed{}$

4
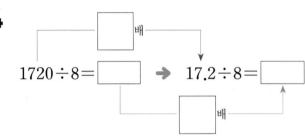

$1720 \div 8 = \boxed{} \;\Rightarrow\; 17.2 \div 8 = \boxed{}$

[5~10] 계산해 보세요.

5 $6 \overline{)6.9}$

6 $5 \overline{)3\,0.7}$

7 $4 \overline{)1\,3.4}$

8 $5 \overline{)2.9}$

9 $6 \overline{)1\,3.5}$

10 $8 \overline{)1\,8.8}$

3 (소수)÷(자연수)(3)

1 소수의 나눗셈을 분수의 나눗셈으로 바꾸어 계산하려고 합니다. □ 안에 알맞은 수를 써넣으세요.

$$2.82 \div 3 = \frac{282}{100} \div 3 = \frac{\boxed{} \div 3}{100}$$

$$= \frac{94}{100} = \boxed{}$$

2 자연수의 나눗셈을 이용하여 소수의 나눗셈을 바르게 계산한 것의 기호를 쓰세요.

> ㉠ $168 \div 3 = 56 \rightarrow 1.68 \div 3 = 5.6$
> ㉡ $161 \div 7 = 23 \rightarrow 1.61 \div 7 = 0.23$

( )

3 빈칸에 알맞은 수를 써넣으세요.

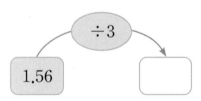

4 <u>잘못</u> 계산한 곳을 찾아 바르게 계산해 보세요.

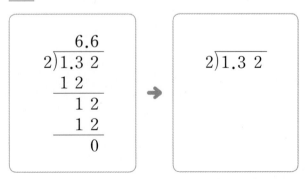

5 몫이 1보다 작은 것을 찾아 기호를 쓰세요.

> ㉠ $3.63 \div 3$
> ㉡ $4.35 \div 5$
> ㉢ $4.64 \div 4$

(나누어지는 수)<(나누는 수)
이면 몫은 1보다 작아!

( )

6 크기를 비교하여 ○ 안에 >, =, <를 알맞게 써넣으세요.

$5.04 \div 9$ ○ 0.5

7 어떤 수에 4를 곱했더니 1.48이 되었습니다. 어떤 수를 구하세요.

( )

8 수 카드 2 , 5 , 6 , 8 중 3장을 골라 한 번씩만 사용하여 만든 소수 두 자리 수 중 가장 작은 수를 남은 수 카드의 수로 나누었을 때 몫을 구하세요.

( )

4 (소수)÷(자연수)(4)

9 계산해 보세요.

$$5\overline{)1\ 2.2}$$

10 소수를 자연수로 나눈 몫을 구하세요.

| 43.1 | 5 |

(   )

11 작은 수를 큰 수로 나눈 몫을 구하세요.

| 2.8 | 8 |

(   )

12 보기 와 같이 소수의 나눗셈을 분수의 나눗셈으로 바꾸어 계산해 보세요.

보기

$$7.3 \div 5 = \frac{73}{10} \div 5 = \frac{730}{100} \div 5 = \frac{730 \div 5}{100}$$
$$= \frac{146}{100} = 1.46$$

$16.5 \div 6$

_____

_____

13 계산을 바르게 한 사람은 누구인가요?

$15.3 \div 6 = 2.5$ $3.6 \div 8 = 0.45$

지안   은우

(   )

14 화살표의 규칙에 따라 계산하여 빈칸에 알맞은 수를 써넣으세요.

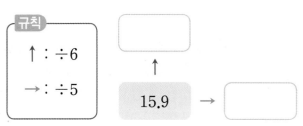

규칙

↑ : ÷6

→ : ÷5

15.9

15 모든 변의 길이의 합이 7.4 m인 정사각형의 한 변은 **몇 m**인가요?

꼭 단위까지 따라 쓰세요.

(m   )

1 서술형 첫 단계

16 민지가 5일 동안 마신 물의 양은 9.1 L입니다. 매일 같은 양의 물을 마셨다면 하루에 마신 물의 양은 **몇 L**인가요?

식 _____

답 _____ L

🪴 **몫의 소수 첫째 자리에 0이 있는 6.3÷6의 계산**

방법 1 분수의 나눗셈 이용

┌→ 63은 6으로 나누어떨어지지 않음.

$$6.3 \div 6 = \frac{63}{10} \div 6 = \frac{630}{100} \div 6 = \frac{630 \div 6}{100} = \frac{105}{100} = \boxed{❶}$$

방법 2 자연수의 나눗셈 이용

나누어지는 수가 $\frac{1}{100}$배가 되면 몫도 $\frac{1}{100}$배가 됩니다.

$$630 \div 6 = 105 \qquad 6.3 \div 6 = 1.05$$

방법 3 세로로 계산

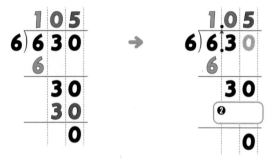

> 수를 하나 내려도 나누어야 할 수가 나누는 수보다 작은 경우 몫에 0을 쓰고 수를 하나 더 내려 계산합니다.

정답 확인 | ❶ 1.05 ❷ 30

예제 문제 ①

8.16÷4를 분수의 나눗셈으로 바꾸어 계산하려고 합니다. 물음에 답하세요.

(1) 8.16÷4를 분수의 나눗셈으로 바꾸려고 합니다. 알맞은 식에 ○표 하세요.

$$\left(\frac{816}{10} \div 4 \ , \ \frac{816}{100} \div 4 \right)$$

(2) □ 안에 알맞은 수를 써넣으세요.

$$8.16 \div 4 = \frac{\boxed{}}{100} \div 4 = \frac{\boxed{} \div 4}{100}$$

$$= \frac{\boxed{}}{100} = \boxed{}$$

예제 문제 ②

자연수의 나눗셈을 이용하여 계산하려고 합니다. □ 안에 알맞은 수를 써넣으세요.

(1)

$$642 \div 6 = 107$$

➜ $6.42 \div 6 = \boxed{}$

(2)

$$810 \div 2 = 405$$

➜ $8.1 \div 2 = \boxed{}$

[1~3] ☐ 안에 알맞은 수를 써넣으세요.

1
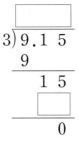

$$3 \overline{)\, 9.1\,5}$$
$$\underline{9}$$
$$1\,5$$
$$\underline{}$$
$$0$$

2
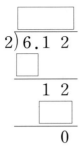

$$2 \overline{)\, 6.1\,2}$$
$$\square$$
$$1\,2$$
$$\square$$
$$0$$

3
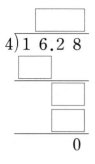

$$4 \overline{)\, 1\,6.2\,8}$$
$$\square$$
$$\square$$
$$0$$

[4~5] 보기와 같이 계산해 보세요.

> **보기**
>
> $$10.2 \div 5 = \frac{1020}{100} \div 5 = \frac{1020 \div 5}{100} = \frac{204}{100} = 204 \times \frac{1}{100} = 2.04$$

4 $4.12 \div 4 = \dfrac{\boxed{}}{100} \div 4 = \dfrac{\boxed{} \div 4}{100} = \dfrac{\boxed{}}{100} = \boxed{} \times \dfrac{1}{100} = \boxed{}$

5 $20.3 \div 5 = \dfrac{\boxed{}}{100} \div 5 = \dfrac{\boxed{} \div 5}{100} = \dfrac{\boxed{}}{100} = \boxed{} \times \dfrac{1}{100} = \boxed{}$

[6~11] 계산해 보세요.

6
$$5 \overline{)\, 5.3\,5}$$

7
$$9 \overline{)\, 1\,8.8\,1}$$

8
$$7 \overline{)\, 2\,1.4\,9}$$

9
$$8 \overline{)\, 8.4}$$

10
$$4 \overline{)\, 1\,2.2}$$

11
$$5 \overline{)\, 1\,5.2}$$

▶ 개념동영상 3-⑥

3
소수의 나눗셈

68

🌵 2÷8의 계산

방법 1 분수의 나눗셈 이용

↱ 2는 2.00과 같으므로 $\frac{200}{100}$으로 나타낼 수 있음.

$$2÷8=\frac{200}{100}÷8=\frac{200÷8}{100}$$
$$=\frac{25}{100}=0.25$$

2÷8, 20÷8의 몫은 자연수로 나누어떨어지지 않지만 200÷8의 몫은 25로 나누어떨어지네.

방법 2 자연수 나눗셈의 몫을 분수로 나타내고 소수로 바꾸기

$$2÷8=\frac{2}{8}=\frac{2×125}{\boxed{①}×125}=\frac{250}{1000}=0.25$$

방법 3 자연수의 나눗셈 이용

나누어지는 수가 $\frac{1}{100}$배가 되면 몫도 $\frac{1}{100}$배가 됩니다.

$$\overset{\overset{\frac{1}{100}배}{\frown}}{200÷8=25} \qquad 2÷8=\boxed{②}$$
$$\underset{\frac{1}{100}배}{\smile}$$

방법 4 세로로 계산

```
      2 5
  8)2 0 0
    1 6
      4 0
      4 0
        0
```
→
```
    0.2 5
  8)2.0 0
    1 6
      4 0
      4 0
        0
```

• 몫의 소수점은 **자연수 바로 뒤에서** 올려 찍습니다.

• 세로로 계산이 끝나지 않으면 나누어지는 수의 오른쪽 끝자리에 **0**이 계속 있는 것으로 생각하고 **0**을 내려 계산합니다.

정답 확인 | ❶ 8 ❷ 0.25

예제 문제 1

☐ 안에 알맞은 수를 써넣으세요.

$$7÷4=\frac{\boxed{}}{4}=\frac{\boxed{}×25}{4×\boxed{}}$$
$$=\frac{\boxed{}}{100}=\boxed{}$$

예제 문제 2

자연수의 나눗셈을 이용하여 계산하려고 합니다. ☐ 안에 알맞은 수를 써넣으세요.

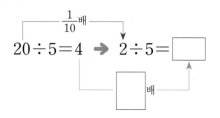

$$\overset{\overset{\frac{1}{10}배}{\frown}}{20÷5=4} \quad \Rightarrow \quad 2÷5=\boxed{}$$
$$\underset{\boxed{}배}{\smile}$$

[1~2] □ 안에 알맞은 수를 써넣으세요.

1

$$8\overline{)18} \;\rightarrow\; 8\overline{)18.00}$$

$$\begin{array}{r} \boxed{} \\ \hline \boxed{} \\ \hline 2\,0 \\ \boxed{} \\ \hline \boxed{} \\ \hline 0 \end{array}$$

2

$$12\overline{)21} \;\rightarrow\; 12\overline{)21.00}$$

$$\begin{array}{r} \boxed{} \\ \hline \boxed{} \\ \hline 9\,0 \\ \boxed{} \\ \hline \boxed{} \\ \hline 0 \end{array}$$

[3~4] 보기와 같이 계산해 보세요.

보기

$$8 \div 5 = \frac{80}{10} \div 5 = \frac{80 \div 5}{10} = \frac{16}{10} = 1.6$$

3 $\quad 1 \div 2 = \dfrac{\boxed{}}{10} \div 2 = \dfrac{\boxed{} \div 2}{10} = \dfrac{\boxed{}}{10} = \boxed{}$

4 $\quad 15 \div 4 = \dfrac{\boxed{}}{100} \div 4 = \dfrac{\boxed{} \div 4}{100} = \dfrac{\boxed{}}{100} = \boxed{}$

[5~10] 계산해 보세요.

5 $\quad 5\overline{)3}$

6 $\quad 15\overline{)6}$

7 $\quad 2\overline{)9}$

8 $\quad 7 \div 20$

9 $\quad 5 \div 4$

10 $\quad 22 \div 8$

5 (소수)÷(자연수)(5)

1 나눗셈의 몫을 각각 구하고 두 사람의 대화를 완성하려고 합니다. ☐ 안에 알맞은 수를 써넣으세요.

$$3240÷8=\boxed{}$$

➜ $32.4÷8=\boxed{}$

나누는 수는 같고 나누어지는 수가 $\frac{1}{100}$배가 되었어.

응~! 그래서 몫도 $\dfrac{1}{\boxed{}}$배가 돼.

2 계산해 보세요.

(1)
$$4\overline{)3\,2.2}$$

(2)
$$5\overline{)2\,5.3}$$

3 소수의 나눗셈을 분수의 나눗셈으로 바꾸어 계산해 보세요.

$$9.54÷9=$$

4 몫의 소수 첫째 자리 숫자가 0인 나눗셈의 기호를 쓰세요.

| ㉠ 36.3÷6 | ㉡ 34.8÷8 |

( )

5 크기를 비교하여 ○ 안에 >, =, <를 알맞게 써넣으세요.

| 14.35÷7 | ○ | 2.05 |

[6~7] 무게가 같은 수박 6통의 무게의 합이 24.18 kg일 때 수박 1통은 몇 kg인지 두 가지 방법으로 구하세요.

6

방법 1

꼭 단위까지 따라 쓰세요.

답 _____ kg

7

방법 2

답 _____ kg

8 길이가 2.14 km인 산책로에 쓰레기통 3개를 똑같은 간격으로 다음과 같이 놓으려고 합니다. 쓰레기통의 두께는 생각하지 않는다면 쓰레기통 사이의 간격을 **몇 km**로 해야 하나요?

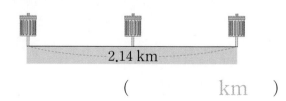
2.14 km

(km)

6 (자연수)÷(자연수)의 몫을 소수로 나타내기

9 자연수의 나눗셈을 이용하여 계산하려고 합니다. □ 안에 알맞은 수를 써넣으세요.

$$1700 \div 4 = \boxed{}$$

→ $17 \div 4 = \boxed{}$

10 보기와 같이 계산해 보세요.

보기

$$9 \div 5 = \frac{9}{5} = \frac{9 \times 2}{5 \times 2} = \frac{18}{10} = 1.8$$

$7 \div 25 =$

11 잘못 계산한 곳을 찾아 바르게 계산해 보세요.

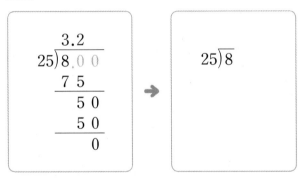

12 몫이 3보다 큰 나눗셈의 기호를 쓰세요.

> ㉠ $16 \div 5$ ㉡ $9 \div 4$

( )

13 빈칸에 알맞은 소수를 써넣으세요.

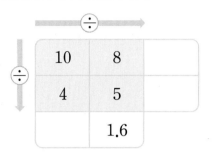

÷	10	8	
	4	5	
		1.6	

14 크기가 같은 원 2개의 중심을 지나는 선분 ㄱㄴ의 길이가 17 cm입니다. 원의 지름은 **몇 cm**인가요?

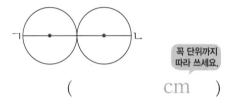

꼭 단위까지 따라 쓰세요.

(cm)

15 크기가 같은 원 모양 접시 5개를 그림과 같이 이어 붙여 길이를 재었더니 전체 길이가 72 cm였습니다. 접시 한 개의 지름은 **몇 cm**인가요?

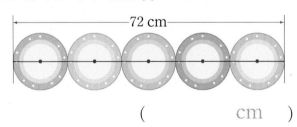

(cm)

서술형 첫 단계

16 서우가 매실액 9 L를 12명의 친구에게 똑같이 나누어 주려고 합니다. 한 명에게 매실액을 **몇 L**씩 나누어 주어야 하나요?

식 _____

답 _____ L

3

소수의 나눗셈

TEST 3단원 평가

1 8.25÷5를 계산한 식을 보고 알맞은 위치에 소수점을 찍어 보세요.

$$
\begin{array}{r}
1\square6\square5 \\
5\overline{)8.25} \\
5 \\
\hline
3\ 2 \\
3\ 0 \\
\hline
2\ 5 \\
2\ 5 \\
\hline
0
\end{array}
$$

2 25.3÷5를 어림하여 계산하려고 합니다. ☐ 안에 알맞은 수를 써넣으세요.

> 소수 25.3을 반올림하여 자연수로 나타내면
> 25.3÷5 ➡ ☐ ÷5= ☐ 입니다.
> 따라서 25.3÷5의 몫을 약 ☐ (으)로 어림할 수 있습니다.

3 자연수의 나눗셈을 이용하여 소수의 나눗셈을 계산해 보세요.

(1) 786÷3=262

　78.6÷3= ☐

　7.86÷3= ☐

(2) 992÷8=124

　99.2÷8= ☐

　9.92÷8= ☐

4 ☐ 안에 알맞은 수를 써넣으세요.

$$6.12÷9=\dfrac{\boxed{}}{100}÷9=\dfrac{\boxed{}÷9}{100}$$

$$=\dfrac{\boxed{}}{100}=\boxed{}$$

5 계산해 보세요.

(1) $6\overline{)12.9}$

(2) $9\overline{)45.63}$

6 계산해 보세요.

(1) 11.44÷8

(2) 4.2÷4

7 빈칸에 알맞은 수를 써넣으세요.

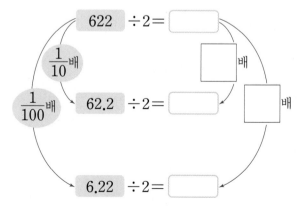

8 빈칸에 알맞은 수를 써넣으세요.

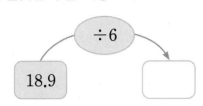

9 ♥÷★의 몫을 구하세요.

> ♥=9.24   ★=4

(   )

10 보기 와 같이 계산해 보세요.

┌─ 보기 ─────────────────────────┐
$$19÷2=\frac{190}{10}÷2=\frac{190÷2}{10}=\frac{95}{10}=9.5$$
└────────────────────────────────┘

$38÷5=$

11 잘못 계산한 곳을 찾아 바르게 계산해 보세요.

```
       9.4
  5)4 5.2
    4 5
      2 0
      2 0
        0
```

➡

```
  5)4 5.2
```

12 몫을 어림하여 몫이 1보다 큰 나눗셈을 모두 찾아 ○표 하세요.

| $2.64÷3$ | $5.6÷5$ | $4.47÷3$ |

(   ) (   ) (   )

13 다음 직사각형의 넓이는 40.1 cm²이고, 세로는 5 cm입니다. 이 직사각형의 가로는 몇 cm인가요?

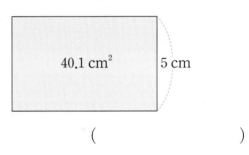

(   )

3

소수의 나눗셈

73

🔢 서술형 첫 단계

14 같은 빠르기로 9.93 m를 올라가는 데 3초가 걸리는 승강기가 있습니다. 이 승강기가 1초 동안 올라가는 거리는 몇 m인가요?

식 _____

답 _____

15 몫이 더 큰 나눗셈의 기호를 쓰세요.

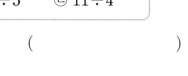

㉠ $13 \div 5$ ㉡ $11 \div 4$

(   )

1 서술형 첫 단계

16 80.4 km를 달리는 데 휘발유 8 L가 필요한 자동차가 있습니다. 이 자동차가 휘발유 1 L로 갈 수 있는 거리는 몇 km인가요?

식 _____

답 _____

17 길이가 55.44 cm인 막대를 똑같이 6도막으로 나누어 삼각뿔을 만들었습니다. 만든 삼각뿔의 한 모서리의 길이는 몇 cm인가요?

(   )

18 길이가 15.6 m인 길에 나무 9그루를 똑같은 간격으로 그림과 같이 심었습니다. 나무 사이의 간격은 몇 m인가요? (단, 나무의 굵기는 생각하지 않습니다.)

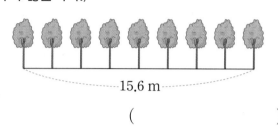

15.6 m

(   )

19 넓이가 36 cm²인 큰 정삼각형을 똑같이 나누었습니다. 색칠된 부분의 넓이는 몇 cm²인가요?

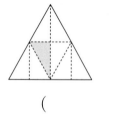

(   )

20 수 카드 2 , 3 , 4 , 6 을 모두 한 번씩 사용하여 몫이 가장 작은 (소수 두 자리 수)÷(자연수)를 만들고, 만든 나눗셈의 몫을 구하세요.

□.□□÷□

(   )

해결팁!

18. (나무 사이의 간격 수)=(나무의 수)−1

예 오른쪽 그림과 같이 길에 깃발 5개를 똑같은 간격으로 꽂을 때
➜ (깃발 사이의 간격 수)=(깃발의 수)−1=5−1=4(군데)

틀린 그림을 찾아라!

스마트폰으로 QR코드를
찍으면 정답이 보여요.

 세경이네 가족은 방학을 맞이하여 여행 가고 있습니다. 두 그림에서 서로 다른 3곳을 찾아 ○표 하고 물음에 답하세요.

세경이네 가족이 여행 다녀왔나 봐.

응. 캠핑장에 다녀왔대. 집에서 캠핑장까지의 거리가 187 km인데
일정한 빠르기로 자동차가 달렸더니 2시간이 걸렸대.

그럼 한 시간 동안 몇 km를 간 셈이지?

(간 거리)÷(걸린 시간)으로 구하면 되니까 ⬚ km네.

4 비와 비율

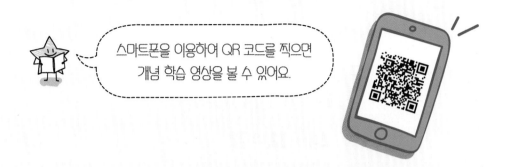

스마트폰을 이용하여 QR 코드를 찍으면 개념 학습 영상을 볼 수 있어요.

🍎 마음 먹은 것을 쉽게 포기하는 모습을 비유하는 고사성어는?

1. 사과는 24개이고, 배는 12개일 때 사과의 수와 배의 수 비교하기

뺄셈으로 비교하기	나눗셈으로 비교하기
24−12=12	**24÷12=❶☐**
→ 사과는 배보다 **12**개 더 많습니다.	→ 사과의 수는 배의 수의 **2**배입니다.

뺄셈으로 비교할 때
배는 사과보다 12개 더 적다고
할 수도 있어.

나눗셈으로 비교할 때
(배의 수)÷(사과의 수)=12÷24=$\frac{1}{2}$로
배의 수는 사과의 수의 $\frac{1}{2}$배라고 할 수도 있어.

2. 상자 수에 따른 사과의 수와 배의 수 비교하기

상자 수	1	2	3	4	···
사과의 수(개)	24	48	72	96	···
배의 수(개)	12	24	36	48	···

(1) 상자 수에 따른 사과의 수와 배의 수를 뺄셈으로 비교하기
상자 수에 따른 사과는 배보다 24−12=12(개), 48−24=24(개),
72−36=36(개), 96−48=48(개), ... 더 많습니다.

사과의 수와 배의 수는
뺄셈으로 비교하면
관계가 변하고
나눗셈으로 비교하면
항상 2배이므로
관계가 변하지 않아.

(2) 상자 수에 따른 사과의 수와 배의 수를 나눗셈으로 비교하기
(사과의 수)÷(배의 수)=2로 사과의 수는 항상 배의 수의 ❷☐ 배입니다.
└ 24÷12=2, 48÷24=2, 72÷36=2, 96÷48=2, ...

정답 확인 | ❶ 2 ❷ 2

[1~2] 수진이네 농장에 있는 염소 수와 돼지 수를 비교하려고 합니다. 표를 보고 물음에 답하세요.

염소 수(마리)	돼지 수(마리)
30	10

예제 문제 **1**

염소 수와 돼지 수를 뺄셈으로 비교해 보세요.

30−10=☐이므로 염소는 돼지보다
☐마리 더 많습니다.

예제 문제 **2**

염소 수와 돼지 수를 나눗셈으로 비교해 보세요.

30÷10=☐이므로 염소 수는 돼지 수의
☐배입니다.

[1~2] 두 수를 뺄셈과 나눗셈으로 비교하려고 합니다. ☐ 안에 알맞은 수를 써넣으세요.

1
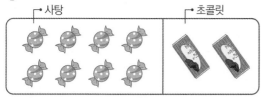

뺄셈 사탕은 초콜릿보다

$8-2=$ ☐ (개) 더 많습니다.

나눗셈 $8÷2=$ ☐ 이므로

사탕 수는 초콜릿 수의 ☐ 배입니다.

2
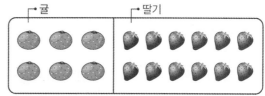

뺄셈 딸기는 귤보다

$12-6=$ ☐ (개) 더 많습니다.

나눗셈 $12÷6=$ ☐ 이므로

딸기 수는 귤 수의 ☐ 배입니다.

[3~4] 표를 완성하고 두 수를 비교해 보세요.

3

봉지 수	1	2	3	4
단팥빵 수(개)	2	4	6	
크림빵 수(개)	3	6	9	12

> 두 수를 비교할 때에는 뺄셈이나 나눗셈을 이용해.

➡ 봉지 수에 따른 크림빵은 단팥빵보다 $3-2=1$(개), $6-4=2$(개), $9-6=$ ☐ (개),

$12-$ ☐ $=$ ☐ (개) 더 많습니다.

4

사자 수(마리)	1	2	3	4
사자 다리 수(개)	4	8	12	20

➡ 사자 다리 수는 사자 수의 ☐ 배입니다.

[5~6] 연필을 한 모둠에 12자루씩 나누어 주었습니다. 한 모둠이 4명일 때 모둠원 수와 연필 수를 뺄셈과 나눗셈으로 비교하려고 합니다. 표를 보고 ☐ 안에 알맞은 수를 써넣으세요.

모둠 수	1	2	3	4	5	…
모둠원 수(명)	4	8	12	16	20	…
연필 수(자루)	12	24	36	48	60	…

5 **뺄셈으로 비교** 모둠 수에 따른 연필 수는 모둠원 수보다 각각 8, 16, 24, ☐ , ☐ , … 더 큽니다.

6 **나눗셈으로 비교** 연필 수는 항상 모둠원 수의 ☐ 배입니다.

🌱 비 알아보기

두 수를 나눗셈으로 비교하기 위해 기호 **:** 을 사용하여 나타낸 것을 **비**라고 합니다.
두 수 2와 3을 비교할 때 **2:3**이라 쓰고 **2 대 3**이라고 읽습니다.

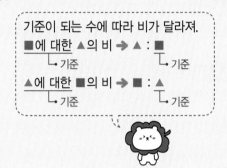

기준이 되는 수에 따라 비가 달라져.
■에 대한 ▲의 비 ➡ ▲ : ■
   └ 기준   └ 기준
▲에 대한 ■의 비 ➡ ■ : ▲
   └ 기준   └ 기준

(예) 사과 수와 딸기 수를 비로 나타내기

사과 수와 딸기 수의 비 ➡ 5 : 8
딸기 수와 사과 수의 비 ➡ 8 : 5

5 : 8은 5 대 8이라 읽고, 8 : 5는 8 대 5라고 읽어.

(참고) 비로 나타내기
· ● 대 ■   · ●와 ■의 비   · ●의 ■에 대한 비   · ■에 대한 ●의 비
  ↓   ↓   ↓   ↓   ↓   ↓   ↓   ↓
  ● : ■   ● : ■   ● : ■   ● : ■

4
비와 비율

80

정답 확인 | ❶ 3   ❷ 2

(예제 문제) 1

비를 여러 가지 방법으로 읽어 보려고 합니다. □ 안에 알맞은 수를 써넣으세요.

        ┌ 3 대 □
        ├ 3과 □의 비
3 : 8 ➡ ├ 3의 □에 대한 비
        └ 8에 대한 □의 비

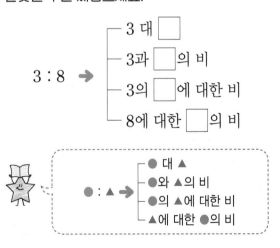
           ┌ ● 대 ▲
           ├ ●와 ▲의 비
● : ▲ ➡   ├ ●의 ▲에 대한 비
           └ ▲에 대한 ●의 비

(예제 문제) 2

비를 바르게 읽은 것에 ○표 하세요.

2 : 7

| 7에 대한 2의 비 | 7의 2에 대한 비 |

(   )   (   )

[1~2] 그림을 보고 ☐ 안에 알맞은 수를 써넣으세요.

1
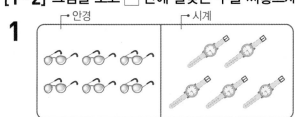

(1) 안경 수에 대한 시계 수의 비

➡ ☐ : ☐

(2) 시계 수에 대한 안경 수의 비

➡ ☐ : ☐

2
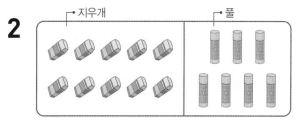

(1) 풀 수의 지우개 수에 대한 비

➡ ☐ : ☐

(2) 풀 수와 지우개 수의 비

➡ ☐ : ☐

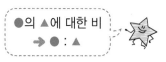
●의 ▲에 대한 비
➡ ● : ▲

3 비 8 : 3을 바르게 읽은 것을 모두 찾아 ○표 하세요.

| 8에 대한 3의 비 | 8과 3의 비 | 3에 대한 8의 비 |

(   )   (   )   (   )

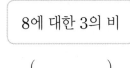

[4~6] 그림을 보고 전체에 대한 색칠한 부분의 비를 쓰세요.

4

☐ : ☐

5
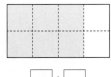

☐ : ☐

6
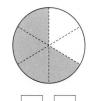

☐ : ☐

[7~10] 비로 나타내 보세요.

7 24 대 13 ➡ (   )

8 17과 9의 비 ➡ (   )

9 20의 11에 대한 비 ➡ (   )

10 25에 대한 34의 비 ➡ (   )

① 두 수를 비교하기

[1~3] 성냥개비로 삼각형을 만들었습니다. 물음에 답하세요.

 …

1 표를 완성해 보세요.

성냥개비 수(개)	3	6	9	12	…
삼각형 수(개)	1	2	3		…

2 성냥개비 수와 삼각형 수를 비교해 보세요.

(1) **뺄셈으로 비교하기**

성냥개비 수는 삼각형 수보다
$3-1=2$(개), $6-2=4$(개),
$9-3=\boxed{}$(개), $12-\boxed{}=\boxed{}$(개), …
더 많습니다.

(2) **나눗셈으로 비교하기**

성냥개비 수는 항상 삼각형 수의 $\boxed{}$배입니다.

3 설명이 맞으면 ◯표, 틀리면 ✕표 하세요.

(1) 성냥개비 수와 삼각형 수를 뺄셈으로 비교하면 성냥개비 수와 삼각형 수의 관계가 변하지 않습니다. ………………… ( )

(2) 성냥개비 수와 삼각형 수를 나눗셈으로 비교하면 성냥개비 수와 삼각형 수의 관계가 변하지 않습니다. ………………… ( )

[4~5] 대여 시간에 따른 스키 대여료와 썰매 대여료를 나타낸 표입니다. 물음에 답하세요.

대여 시간(분)	10	20	30	40
스키 대여료(원)	500	1000	1500	
썰매 대여료(원)	100	200		

4 대여 시간에 따른 스키 대여료와 썰매 대여료를 구해 위의 표를 완성해 보세요.

5 대여 시간에 따른 스키 대여료와 썰매 대여료를 비교해 보세요.

(1) **뺄셈으로 비교하기**

대여 시간에 따른 스키 대여료는 썰매 대여료보다 400원, 800원, 1200원, $\boxed{}$원 더 많습니다.

(2) **나눗셈으로 비교하기**

스키 대여료는 항상 썰매 대여료의 $\boxed{}$배입니다.

① 서술형 첫 단계

6 직사각형의 가로와 세로를 뺄셈과 나눗셈으로 비교해 보세요.

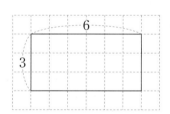

따라 쓰세요.

뺄셈으로 비교하기 $6-3=\boxed{}$이므로 가로는 $\boxed{}$보다 $\boxed{}$칸 더 깁니다.

나눗셈으로 비교하기 $6\div3=\boxed{}$이므로 가로는 세로의 $\boxed{}$배입니다.

2 비

7 두 비 9 : 22와 22 : 9를 비교하려고 합니다. 알맞은 말에 ○표 하세요.

> 9 : 22와 22 : 9는 (같습니다 , 다릅니다).

[8~9] 그림을 보고 물음에 답하세요.

8 햄버거 수에 대한 샌드위치 수의 비를 쓰세요.

( )

9 샌드위치 수에 대한 햄버거 수의 비를 쓰세요.

( )

10 다음을 보고 비로 나타내 보세요.

> 칫솔 15개, 치약 6개

(1) 칫솔 수와 치약 수의 비

( )

(2) 치약 수의 칫솔 수에 대한 비

( )

11 비를 잘못 읽은 사람의 이름을 쓰세요.

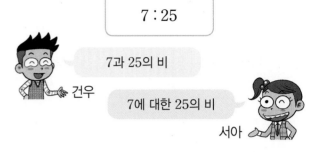

> 7 : 25

7과 25의 비 — 건우

7에 대한 25의 비 — 서아

( )

12 전체에 대한 색칠한 부분의 비가 11 : 16이 되도록 색칠해 보세요.

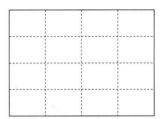

13 표를 보고 보기와 같이 비를 나타내 보세요.

반	남학생 수	여학생 수	합계
행운 반	9명	11명	20명

> 보기
> 9 : 11 ➡ 행운 반의 여학생 수에 대한 행운 반의 남학생 수의 비

11 : 20 ➡ _____

 개념 빠삭 ❸ 비율

▶ 개념동영상 4-③

🌵 비율 알아보기

비 5 : 10에서 기호 : 의 오른쪽에 있는 **10**은 **기준량**이고, 왼쪽에 있는 **5**는 **비교하는 양**입니다.
기준량에 대한 비교하는 양의 크기를 **비율**이라고 합니다.

$$(비율)＝(비교하는 양)÷(기준량)＝\frac{(비교하는 양)}{(기준량)}$$

비 **5** : **10** 을 비율로 나타내면 **5÷10**＝$\dfrac{❶}{10}\left(＝\dfrac{1}{2}＝0.5\right)$입니다.

┌ 비교하는 양
└ 기준량

> 비율은 분수나 소수로
> 나타낼 수 있어.

예 두 직사각형의 세로에 대한 가로의 비율 구하기
└ 기준량 └ 비교하는 양

4 cm
가 │ 2 cm

8 cm
나 │ 4 cm

┌ (가로) : (세로)	가	나
세로에 대한 가로의 비	4 : 2	❷ : 4
세로에 대한 가로의 비율	$4÷2＝\dfrac{4}{2}(＝2)$	$8÷4＝\dfrac{8}{4}(＝2)$

└ $\dfrac{(가로)}{(세로)}$

> 직사각형 가와 나의
> 가로와 세로의 길이는
> 다르지만 세로에 대한
> 가로의 비율은 같아.

84

정답 확인 | ❶ 5 ❷ 8

예제 문제 ❶

비를 보고 기준량과 비교하는 양을 각각 찾아 ☐ 안에 써넣으세요.

(1)
4 : 5

기준량 ➡ ☐ , 비교하는 양 ➡ ☐

(2)
9 : 2

기준량 ➡ ☐ , 비교하는 양 ➡ ☐

예제 문제 ❷

비율을 구하려고 합니다. ☐ 안에 알맞은 수를 써넣으세요.

7 : 10

$7÷10＝\dfrac{☐}{10}＝$ ☐ 이므로

비율을 분수로 나타내면 $\dfrac{☐}{10}$,

소수로 나타내면 ☐ 입니다.

4
비와 비율

[1~2] 비교하는 양과 기준량을 찾아 쓰고 비율을 분수로 나타내 보세요.

1

30 : 99

비교하는 양 (　　　　　　　　)

기준량 (　　　　　　　　)

비율 (　　　　　　　　)

2

12와 10의 비

비교하는 양 (　　　　　　　　)

기준량 (　　　　　　　　)

비율 (　　　　　　　　)

[3~4] 비교하는 양과 기준량을 찾아 쓰고 비율을 소수로 나타내 보세요.

3

8 : 16

비교하는 양 (　　　　　　　　)

기준량 (　　　　　　　　)

비율 (　　　　　　　　)

4

15의 20에 대한 비

비교하는 양 (　　　　　　　　)

기준량 (　　　　　　　　)

비율 (　　　　　　　　)

> 비를 비율로 나타내려면
> (비교하는 양)÷(기준량)
> 으로 계산해야 해.

[5~8] 비율을 분수와 소수로 각각 나타내 보세요.

5

2 대 5

분수 (　　　　　　　　)

소수 (　　　　　　　　)

6

9와 15의 비

분수 (　　　　　　　　)

소수 (　　　　　　　　)

7

18의 40에 대한 비

분수 (　　　　　　　　)

소수 (　　　　　　　　)

8

35에 대한 7의 비

분수 (　　　　　　　　)

소수 (　　　　　　　　)

1 타율: 전체 타수에 대한 **안타** 수의 비율

예 전체 20타수 중에 안타를 10번 쳤습니다.

➡ (타율)=(안타 수)÷(전체 타수)=$\dfrac{\text{(안타 수)}}{\text{(전체 타수)}}$=$\dfrac{10}{20}\left(=\dfrac{1}{2}=0.5\right)$

(비교하는 양) (기준량)

2 걸린 시간에 대한 간 거리의 비율

예 150 km를 가는 데 3시간이 걸렸습니다.

➡ (걸린 시간에 대한 간 거리의 비율)=(간 거리)÷(걸린 시간)=$\dfrac{\text{(간 거리)}}{\text{(걸린 시간)}}$=$\dfrac{\boxed{❶}}{3}(=50)$

(비교하는 양) (기준량)

3 인구 밀도: 넓이에 대한 **인구**의 비율

예 하은이네 마을의 넓이는 3 km²이고 인구는 900명입니다.

➡ (인구 밀도)=(인구)÷(넓이)=$\dfrac{\text{(인구)}}{\text{(넓이)}}$=$\dfrac{900}{\boxed{❷}}(=300)$

(비교하는 양) (기준량)

4 용액의 진하기

예 우현이는 물에 포도 원액 120 mL를 넣어 포도 주스 300 mL를 만들었습니다.

➡ (포도 주스 양에 대한 포도 원액 양의 비율)

=(포도 원액 양)÷(포도 주스 양)=$\dfrac{\text{(포도 원액 양)}}{\text{(포도 주스 양)}}$=$\dfrac{120}{300}\left(=\dfrac{2}{5}=0.4\right)$

(비교하는 양) (기준량)

정답 확인 | ❶ 150 ❷ 3

예제 문제 1

각 문장에 알맞은 비율을 구하세요.

(1) 전체 30타수 중에서 안타를 7번 쳤습니다.

(타율)=$\dfrac{\text{(안타 수)}}{\text{(전체 타수)}}$=$\dfrac{\boxed{}}{\boxed{}}$

(2) 94 km를 가는 데 2시간이 걸렸습니다.

(걸린 시간에 대한 간 거리의 비율)

=$\dfrac{\text{(간 거리)}}{\text{(걸린 시간)}}$=$\dfrac{\boxed{}}{\boxed{}}(=47)$

(3) 지호네 마을의 넓이는 5 km²이고 인구는 1000명입니다.

(인구 밀도)=$\dfrac{\text{(인구)}}{\text{(넓이)}}$=$\dfrac{\boxed{}}{\boxed{}}(=200)$

(4) 선아는 물에 매실 원액 600 mL를 넣어 매실 주스 900 mL를 만들었습니다.

(매실 주스 양에 대한 매실 원액의 비율)

=$\dfrac{\text{(매실 원액 양)}}{\text{(매실 주스 양)}}$=$\dfrac{\boxed{}}{\boxed{}}\left(=\dfrac{2}{3}\right)$

4

비와 비율

[1~2] 전체 타수에 대한 안타 수의 비율을 구하세요.

1

안타 수(번)	11
전체 타수(타수)	20

(비율) = ☐ ÷ 20 = $\dfrac{☐}{☐}$

2

안타 수(번)	17
전체 타수(타수)	25

(비율) = ☐ ÷ 25 = $\dfrac{☐}{☐}$

[3~4] 걸린 시간에 대한 간 거리의 비율을 구하세요.

3

간 거리(km)	160
걸린 시간(시간)	4

(비율) = ☐ ÷ 4 = $\dfrac{☐}{☐}$

4

간 거리(km)	210
걸린 시간(시간)	3

(비율) = ☐ ÷ 3 = $\dfrac{☐}{☐}$

[5~6] 지역의 넓이에 대한 인구의 비율을 구하세요.

5

인구(명)	6000
넓이(km^2)	2

➡ ☐

6

인구(명)	9900
넓이(km^2)	11

➡ ☐

[7~8] 주스 양에 대한 원액 양의 비율을 구하세요.

7

원액(mL)	3000
주스(mL)	9000

➡ ☐

8

원액(mL)	800
주스(mL)	6400

➡ ☐

> 물건의 개수에 대한 가격의 비율은 물건 한 개의 가격과 같아.

[9~10] 물건의 개수에 대한 가격의 비율을 구하세요.

9

가격(원)	24000
개수(개)	6

➡ ☐

10

가격(원)	15000
개수(개)	15

➡ ☐

4

비와 비율

87

❸ 비율

1 □ 안에 알맞은 말을 써넣으세요.

> 비 4 : 9에서 4는 비교하는 양이고,
> 9는 [　　　　　　　]입니다.

2 (　　) 안에 기준량은 '기', 비교하는 양은 '비'를 알맞게 써넣으세요.

(1) 탁구공 수의 야구공 수에 대한 비
　　(　　　　) (　　　　　　)

(2) 남학생 수에 대한 여학생 수의 비
　　(　　　　　) (　　　　)

3 비 12 : 28을 비율로 바르게 나타낸 것에 ○표 하세요.

$$\frac{7}{3}\qquad\qquad \frac{12}{28}$$

(　　　　　) (　　　　　)

4 직사각형의 가로에 대한 세로의 비율을 구하세요.

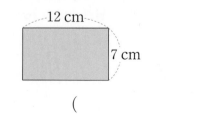

12 cm
7 cm

(　　　　　　　　　)

5 관계있는 것끼리 이어 보세요.

| 5의 10에 대한 비 | • | • | $\frac{1}{5}$ |

| 15에 대한 3의 비 | • | • | 0.5 |

| 8 : 20 | • | • | 0.4 |

6 일주일 중 5일은 평일이고 2일은 주말입니다. 물음에 답하세요.

(1) 평일 날수에 대한 주말 날수의 비율을 분수로 나타내 보세요.
　　　　　　　　　　(　　　　　　　　)

(2) 주말 날수에 대한 평일 날수의 비율을 소수로 나타내 보세요.
　　　　　　　　　　(　　　　　　　　)

7 삼각형의 밑변과 높이를 자로 재어 보고, 삼각형의 밑변에 대한 높이의 비율을 소수로 나타내 보세요.

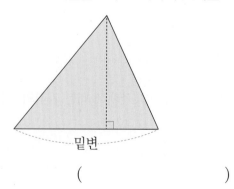

밑변

(　　　　　　　　　)

4

비와 비율

4 비율이 사용되는 경우

8 건후네 마을의 넓이는 8 km^2이고 인구는 2160명입니다. 건후네 마을의 넓이에 대한 인구의 비율을 구하려고 합니다. 물음에 답하세요.

(1) 알맞은 말에 ○표 하세요.

> 기준량은 (넓이 , 인구)이고,
> 비교하는 양은 (넓이 , 인구)입니다.

(2) 건후네 마을의 넓이에 대한 인구의 비율을 구하세요.

(   )

9 그림과 같이 물에 설탕을 섞어 설탕물을 만들었습니다. 설탕물 양에 대한 설탕 양의 비율을 분수로 나타내 보세요.

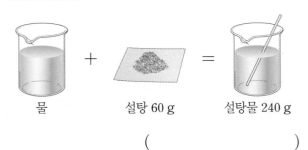

물   설탕 60 g   설탕물 240 g

(   )

10 준우는 축구 승부차기 연습을 하였습니다. 공을 40번 차서 25번 골을 넣었을 때 전체 공을 찬 횟수에 대한 골을 넣은 횟수의 비율을 분수로 나타내 보세요.

(   )

11 복숭아가 ㉠ 가게에서는 20개에 8000원이고, ㉡ 가게에서는 15개에 7500원입니다. 물음에 답하세요.

(1) 두 가게의 복숭아의 개수에 대한 가격의 비율을 각각 구하세요.

㉠ 가게 (   )

㉡ 가게 (   )

(2) 어느 가게의 복숭아가 더 저렴한가요?

(☐ 가게   )

12 수소를 연료로 하는 두 자동차가 있습니다. 가 자동차는 수소 연료 5 kg으로 470 km를 갈 수 있고, 나 자동차는 수소 연료 4 kg으로 360 km를 갈 수 있습니다. 물음에 답하세요.

(1) 연료 양에 대한 거리의 비율을 각각 구하세요.

가 자동차 (   )

나 자동차 (   )

(2) 어느 자동차가 같은 연료로 더 멀리 갈 수 있나요?

(☐ 자동차   )

13 보영이네 반의 전체 학생 수는 28명이고, 전체 학생 수에 대한 여학생 수의 비율은 $\frac{4}{7}$입니다. 여학생은 몇 명인지 수직선을 이용하여 구하세요.

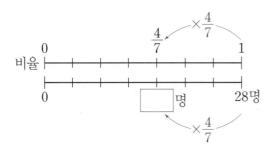

89

비와 비율

백분율 알아보기

기준량을 **100**으로 할 때의 비율을 **백분율**이라고 합니다. 백분율은 기호 **%**를 사용하여 나타냅니다.

비율 $\frac{35}{100}$(=0.35)를 **35 %**라 쓰고 **35 퍼센트**라고 읽습니다.

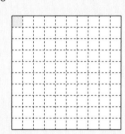

$\frac{1}{100}=1$ %

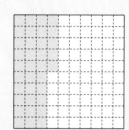

$\frac{35}{100}=$ ❶ %

쓰기 ▶ 1 % 읽기 ▶ 1 퍼센트

쓰기 ▶ 35 % 읽기 ▶ 35 퍼센트

4 비와 비율

90

1. 분수로 나타낸 비율 $\frac{1}{2}$을 백분율로 나타내기

방법 **1** $\frac{1}{2}$을 분모가 100인 분수로 나타낸 뒤 분자에 기호 %를 붙이기

$\frac{1}{2}=\frac{50}{100}=50$ %

방법 **2** $\frac{1}{2}$에 100을 곱한 뒤 기호 %를 붙이기

$\frac{1}{2}\times100=50$ ➡ ❷ %

2. 소수로 나타낸 비율 0.28을 백분율로 나타내기

$0.28\times100=28$ ➡ 28 %

소수로 나타낸 비율을 백분율로 나타낼 때에는 소수에 **100**을 곱한 뒤 기호 **%**를 붙이면 돼!

정답 확인 | ❶ 35 ❷ 50

예제 문제 **1**

☐ 안에 알맞게 써넣으세요.

(1) 백분율은 기준량을 ☐으로 할 때의 비율입니다. 백분율은 기호 ☐를 사용하여 나타냅니다.

(2) 비율 $\frac{19}{100}$를 백분율로 나타내면 ☐라 쓰고 ☐라고 읽습니다.

예제 문제 **2**

비율을 백분율로 나타내려고 합니다. ☐ 안에 알맞은 수를 써넣으세요.

(1) $\boxed{\frac{7}{20}}$ $\frac{7}{20}\times\boxed{}=\boxed{}$ ➡ $\boxed{}$ %

(2) $\boxed{0.4}$ $0.4\times\boxed{}=\boxed{}$ ➡ $\boxed{}$ %

[1~6] 그림을 보고 전체에 대한 색칠한 부분의 비율을 백분율로 나타내 보세요.

1
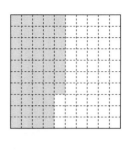
(   ) %

2
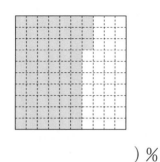
(   ) %

3
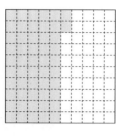
(   ) %

4
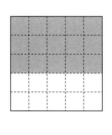
(   ) %

5
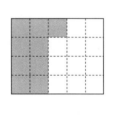
(   ) %

6
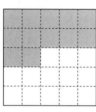
(   ) %

비와 비율

[7~8] 설명이 맞으면 ○표, 틀리면 ×표 하세요.

7
| 비율 $\frac{1}{4}$을 백분율로 나타내면 20 %입니다. |

(   )

8
| 비율 $\frac{2}{5}$를 백분율로 나타내면 40 %입니다. |

(   )

91

[9~14] 비율을 백분율로 나타내 보세요.

9 $\frac{24}{100}$ ➡ ☐ %

10 $\frac{18}{25}$ ➡ ☐ %

11 $\frac{27}{50}$ ➡ ☐ %

12   0.39 ➡ ☐ %

13   0.41 ➡ ☐ %

14   0.06 ➡ ☐ %

① 비율을 백분율로 나타내기

1. 5000원짜리 도시락을 할인하여 4000원에 팔았을 때 할인율 구하기

┌→ (원래 가격)−(할인된 가격)

$$(할인율) = \frac{(할인\ 금액)}{(원래\ 가격)} \times 100 = \frac{1000}{5000} \times 100 = 20 \rightarrow \boxed{❶}\ \%$$

2. 반장 선거에 20명이 투표에 참여하고, 연우의 득표수가 10표일 때 연우의 득표율 구하기

$$(득표율) = \frac{(득표수)}{(전체\ 투표수)} \times 100 = \frac{10}{20} \times 100 = 50 \rightarrow 50\ \%$$

3. 예금한 금액이 5000원이고, 이자가 200원일 때 이자율 구하기

$$(이자율) = \frac{(이자)}{(예금한\ 금액)} \times 100 = \frac{200}{5000} \times 100 = 4 \rightarrow 4\ \%$$

② 백분율을 이용하여 비교하는 양 구하기

예 3000원짜리 김밥을 10 % 할인하여 판매할 때 김밥의 할인 금액 구하기

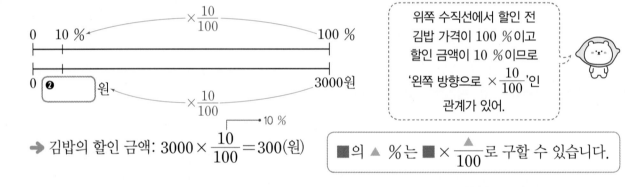

> 위쪽 수직선에서 할인 전 김밥 가격이 100 %이고 할인 금액이 10 %이므로 '왼쪽 방향으로 $\times \frac{10}{100}$'인 관계가 있어.

➡ 김밥의 할인 금액: $3000 \times \frac{10}{100} = 300$(원)

> ■의 ▲ %는 ■ $\times \frac{▲}{100}$로 구할 수 있습니다.

정답 확인 | ❶ 20 ❷ 300

92

4 비와 비율

예제 문제 ①

문구점에서 파는 지우개의 할인율은 몇 %인가요?

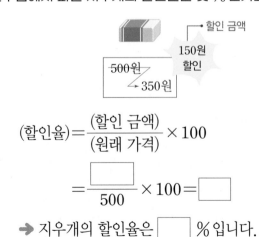
150원 할인 ← 할인 금액
500원 → 350원

$$(할인율) = \frac{(할인\ 금액)}{(원래\ 가격)} \times 100$$

$$= \frac{\boxed{}}{500} \times 100 = \boxed{}$$

➡ 지우개의 할인율은 $\boxed{}$ % 입니다.

예제 문제 ②

2000원짜리 필통을 20 % 할인하여 판매하였습니다. 필통의 할인 금액은 얼마인지 구하세요.

(1) 20 %를 분모가 100인 분수로 나타내 보세요.

(   )

(2) 필통의 할인 금액은 얼마인가요?

$$2000 \times \frac{\boxed{}}{100} = \boxed{}\ (원)$$

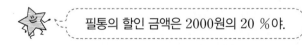 필통의 할인 금액은 2000원의 20 %야.

[1~4] 원래 가격과 할인된 판매 가격이 다음과 같을 때 할인율을 백분율로 나타내 보세요.

1

원래 가격(원)	4000
할인된 판매 가격(원)	3000

(   ) %

2

원래 가격(원)	3000
할인된 판매 가격(원)	2700

(   ) %

3

원래 가격(원)	2500
할인된 판매 가격(원)	1500

(   ) %

4

원래 가격(원)	600
할인된 판매 가격(원)	240

(   ) %

5 25명이 투표에 참여했을 때 가 후보와 나 후보의 득표율을 각각 백분율로 나타내 보세요.

후보	가	나	무효표
득표수(표)	15	6	4
득표율			16 %

[6~7] 예금한 금액과 이자가 다음과 같을 때 이자율을 백분율로 나타내 보세요.

6

예금한 금액(원)	2000
이자(원)	400

(   ) %

7

예금한 금액(원)	3600
이자(원)	900

(   ) %

[8~9] 상품을 주어진 비율로 할인했을 때 할인 금액은 얼마인지 구하세요.

8

상품의 가격(원)	6000
할인한 비율(%)	30

(   )원

9

상품의 가격(원)	4000
할인한 비율(%)	15

(   )원

4

비와 비율

❺ 백분율

1 비율을 백분율로 나타내 보세요.

꼭 단위까지 따라 쓰세요.

(1) $\dfrac{19}{50}$ ➡ (%   )

(2) 0.57 ➡ (%   )

(3) $\dfrac{3}{4}$ ➡ (%   )

2 수아는 방학 과제 5가지 중 3가지를 끝냈습니다. 전체 방학 과제 수에 대한 끝낸 방학 과제 수의 비율을 백분율로 나타내 보세요.

방법 1 수직선을 이용하여 비율을 백분율로 나타내기

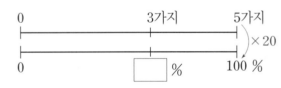

방법 2 비율을 분모가 100인 분수로 구하여 백분율로 나타내기

$$\dfrac{\square}{\square} = \dfrac{\square}{100} = \square \ \%$$

방법 3 비율에 100을 곱하여 백분율로 나타내기

$$\dfrac{\square}{\square} \times 100 = \square \ \Rightarrow \ \square \ \%$$

3 그림을 보고 전체에 대한 색칠한 부분의 비율을 백분율로 나타내 보세요.

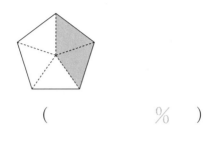

(%   )

4 빈칸에 알맞게 써넣으세요.

비율(분수)	비율(소수)	백분율
$\dfrac{13}{20}$		
	0.08	

5 어느 고속버스의 좌석 수는 25석이고, 탑승객 수는 21명입니다. 고속버스의 좌석 수에 대한 탑승객 수의 비율을 백분율로 나타내 보세요.

(%   )

6 비율이 작은 것부터 차례로 기호를 쓰세요.

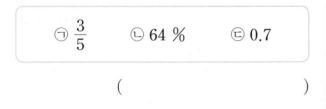

(   )

6 백분율이 사용되는 경우

7 어느 연극의 관객이 지난주에는 150명이었고, 이번 주에는 200명이었습니다. 물음에 답하세요.

(1) 관객이 몇 명 늘어났는지 구하세요.

$$\boxed{}-\boxed{}=\boxed{} \text{(명)}$$

(2) 이번 주 관객 수에 대한 늘어난 관객 수의 비율이 몇 %인지 구하세요.

$$\frac{\boxed{}}{200}=\frac{\boxed{}}{100}=\boxed{}\%$$

8 현선이가 미술관에 갔습니다. 미술관의 입장료는 7000원인데 현선이는 할인권을 이용하여 입장료로 4900원을 냈습니다. 물음에 답하세요.

(1) 현선이가 할인받은 금액은 얼마인가요?

꼭 단위까지 따라 쓰세요.

(　　　　원 　)

(2) 현선이는 입장료를 **몇 %** 할인받았나요?

(　　　　% 　)

9 이자율은 예금한 금액에 대한 이자의 비율을 말합니다. 은미가 은행에 40만 원을 예금한 뒤 1년이 지나서 찾은 금액이 42만 원입니다. 물음에 답하세요.

(1) 이자는 얼마인가요?

(　　　　원 　)

(2) 이자율은 **몇 %**인가요?

(　　　　% 　)

10 ㉠ 은행에 1년 동안 예금하면 예금한 금액의 2 %를 이자로 받을 수 있습니다. 은수가 30만 원을 예금했을 때 1년 뒤에 받게 될 이자는 얼마인가요?

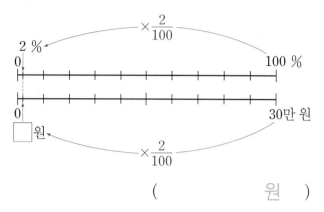

(　　　　원 　)

11 대화를 읽고 체험 학습 참가율이 더 높은 반을 쓰세요.

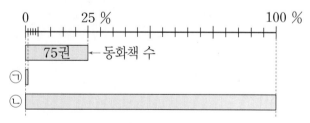

우리 반은 체험 학습 참가율이 67 %래!

지안

그래? 우리 반은 20명 중에 13명 참가했는데~

유찬

(　$\boxed{}$이네 반 　)

12 주혁이네 집에 있는 책 중 25 %는 동화책입니다. 동화책이 75권이라면 주혁이네 집에 있는 책은 모두 **몇 권**인지 구하세요.

| 0 | 25 % | | 100 % |

75권 ←동화책 수
㉠
㉡

(1) ㉠은 주혁이네 집에 있는 책 수의 1 %를 나타냅니다. ㉠은 몇 권인가요?

(　　　　권 　)

(2) ㉡은 주혁이네 집에 있는 전체 책 수를 나타냅니다. 주혁이네 집에 있는 책은 모두 몇 권인가요?

(　　　　권 　)

4

비와 비율

95

1 오리의 수와 닭의 수를 비교하려고 합니다. □ 안에 알맞은 수를 써넣으세요.

뺄셈으로 비교하기

오리는 닭보다 □ 마리 더 많습니다.

나눗셈으로 비교하기

오리의 수는 닭의 수의 □ 배입니다.

2 □ 안에 알맞은 수를 써넣으세요.

비 8 : 4에서 비교하는 양은 □이고, 기준량은 □입니다.

3 감자 수에 대한 양파 수의 비를 쓰세요.

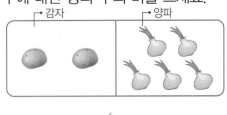

( )

4 비율을 백분율로 나타내려고 합니다. □ 안에 알맞은 수를 써넣으세요.

(1) $\dfrac{13}{25}$ → $\dfrac{13}{25}$ × □ = □

→ □ %

(2) 0.64 → 0.64 × □ = □

→ □ %

5 전체에 대한 색칠한 부분의 비가 6 : 8이 되도록 색칠해 보세요.

[6~7] 남학생 9명과 여학생 3명으로 한 모둠을 구성할 때 모둠 수에 따른 남학생 수와 여학생 수를 비교하려고 합니다. 물음에 답하세요.

6 모둠 수에 따른 남학생 수와 여학생 수를 구해 표를 완성해 보세요.

모둠 수	1	2	3	4	…
남학생 수(명)	9	18			…
여학생 수(명)	3	6			…

7 모둠 수에 따른 남학생 수와 여학생 수를 비교해 보세요.

(1) **뺄셈으로 비교하기**

모둠 수에 따른 남학생 수는 여학생 수보다 각각 6명, 12명, □명, □명, … 더 많습니다.

(2) **나눗셈으로 비교하기**

남학생 수는 항상 여학생 수의 □ 배입니다.

8 그림을 보고 물음에 답하세요.

→ 초콜릿 맛 도넛

→ 딸기 맛 도넛

(1) 딸기 맛 도넛 수에 대한 초콜릿 맛 도넛 수의 비율을 구하세요.

( )

(2) 전체 도넛 수에 대한 초콜릿 맛 도넛 수의 비율을 구하세요.

( )

9 비 9 : 14에 대한 설명으로 <u>틀린</u> 것은 어느 것인가요? ……………………………… ( )

① 기준량은 14, 비교하는 양은 9입니다.

② 비율을 분수로 나타내면 $\frac{9}{14}$입니다.

③ 14의 9에 대한 비입니다.

④ 9와 14의 비입니다.

⑤ 14에 대한 9의 비입니다.

10 그림을 보고 전체에 대한 색칠한 부분의 비율을 백분율로 나타내 보세요.

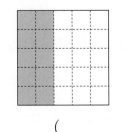

( )

11 관계있는 것끼리 이어 보세요.

0.34 •   • 75 %

$\frac{75}{100}$ •   • 40 %

$\frac{8}{20}$ •   • 34 %

12 비율이 <u>다른</u> 하나를 찾아 기호를 쓰세요.

㉠ 6과 12의 비   ㉡ 0.2   ㉢ $\frac{1}{2}$

( )

4

비와 비율

13 자동차로 집에서 195 km 떨어진 캠핑장까지 가는 데 3시간이 걸렸습니다. 집에서 캠핑장까지 가는 데 걸린 시간에 대한 이동 거리의 비율을 구하세요.

( )

97

14 현서는 다음과 같이 레모네이드를 만들었습니다. 레몬즙 양과 탄산수 양의 비율을 구하세요.

나는 레몬즙 80 mL와 탄산수 260 mL를 섞어서 레모네이드를 만들었어.

현서

( )

15 수민이는 과녁에 화살을 쏘는 놀이를 했습니다. 화살을 20번 쏘아서 과녁에 맞힌 횟수가 12번 이라면 수민이의 성공률은 몇 %인가요?

( )

16 기준량이 비교하는 양보다 작은 비율을 말한 사람의 이름을 쓰세요.

민재 0.89
은우 105 %

( )

4
비와 비율

17 비율이 가장 큰 것을 찾아 ◯표 하세요.

| 0.42 | 43 % | $\frac{2}{5}$ |

( ) ( ) ( )

18 서현이네 반 학생은 28명입니다. 그중에서 15명은 방과 후 활동에 참여했고 나머지는 참여하지 않았습니다. 서현이네 반 전체 학생 수에 대한 방과 후 활동에 참여하지 않은 학생 수의 비를 쓰세요.

( )

19 민호는 정가가 15000원인 장난감을 할인받아 12000원에 샀습니다. 장난감의 할인율은 몇 %인가요?

( )

20 두 마을의 인구와 넓이를 조사한 표입니다. 두 마을 중 인구가 더 밀집한 곳을 쓰세요.

마을	초록 마을	파랑 마을
인구(명)	6640	11700
넓이(km²)	8	13

( )

해결팁!

19. 할인 금액을 구하여 $\frac{(할인\ 금액)}{(원래\ 가격)} \times 100$으로 할인율을 구합니다.

20. 넓이에 대한 인구의 비율이 클수록 인구가 더 밀집한 곳입니다.

틀린 그림을 찾아라!

🔍 스마트폰으로 QR코드를 찍으면 정답이 보여요.

 과일 판매대에 맛있는 과일이 많이 놓여 있네요. 두 그림에서 서로 다른 3곳을 찾아 ○표 하고 물음에 답하세요.

과일 판매대에 놓여 있는
귤 수에 대한 수박 수의 비는 어떻게 될까?

귤 수에 대한 수박 수의 비는 ☐ : ☐ 이야.

그럼 과일 판매대에 놓여 있는 사과 수의
바나나 수에 대한 비율은 어떻게 될까?

사과 수의 바나나 수에 대한 비율은 ☐ 이야.

5 자료와 여러 가지 그래프

5단원 학습 계획표

✔ 이 단원의 표준 학습 일수는 5일입니다. 계획대로 공부한 후 확인란에 사인을 받으세요.

이 단원에서 배울 내용	쪽수	계획한 날	확인
1단계 **개념 빠삭** ❶ 그림그래프로 나타내기 ❷ 띠그래프 알아보기 ❸ 원그래프 알아보기	102~107쪽	월 일	확인했어요! ☺
2단계 **익힘책 빠삭**	108~111쪽	월 일	확인했어요! ☺
1단계 **개념 빠삭** ❹ 띠그래프로 나타내기 ❺ 원그래프로 나타내기	112~115쪽	월 일	확인했어요! ☺
2단계 **익힘책 빠삭**	116~117쪽		
1단계 **개념 빠삭** ❻ 그래프 해석하기 ❼ 여러 가지 그래프를 비교하기	118~121쪽	월 일	확인했어요! ☺
2단계 **익힘책 빠삭**	122~123쪽		
TEST **5단원 평가**	124~126쪽	월 일	확인했어요! ☺

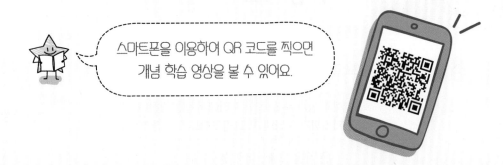

스마트폰을 이용하여 QR 코드를 찍으면
개념 학습 영상을 볼 수 있어요.

먹으면 먹을수록 더 많아지는 것은?

1단계 개념 빠삭

❶ 그림그래프로 나타내기

▶ 개념동영상 5-①

🌵 그림그래프를 보고 내용 알아보기

 화훼 재배 농가 수를 십의 자리에서 반올림하여 백의 자리까지 나타낸 후 그림그래프로 나타내.

권역별 화훼 재배 농가 수

권역	농가 수(가구)	어림한 값(가구)
서울 · 인천 · 경기	2506	2500
강원	146	100
대전 · 세종 · 충청	875	900
대구 · 부산 · 울산 · 경상	1694	❶
광주 · 전라	2025	2000
제주	175	200

권역별 화훼 재배 농가 수

🌸 1000가구
✿ 100가구

(출처: 통계청, 2017.)

(1) 그림그래프를 보고 알 수 있는 내용

① 🌸은 1000가구, ✿은 100가구를 나타냅니다.

② 재배 농가 수가 **가장 많은** 권역: 서울 · 인천 · 경기 권역

③ 재배 농가 수가 **가장 적은** 권역: ❷ [　　　] 권역

(2) 그림그래프로 나타내면 좋은 점

① 그림그래프는 **복잡한 자료를** 그림으로 **쉽게** 알 수 있도록 보여 줍니다.

② 항목별 **많고 적음을 한눈에** 알 수 있습니다.

정답 확인 | ❶ 1700 ❷ 강원

[1~2] 권역별 초등학교 수를 조사하여 나타낸 그림 그래프입니다. 물음에 답하세요.

권역별 초등학교 수

🚩 1000개
⚑ 100개

(출처: 통계청, 2017.)

예제 문제 ❶

🚩과 ⚑은 각각 몇 개를 나타내나요?

🚩 [　　　]개, ⚑ [　　　]개

예제 문제 ❷

서울·인천·경기 권역의 초등학교는 몇 개인가요?

🚩이 2개, ⚑이 [　　]개이므로 초등학교는 [　　　]개입니다.

[1~3] 권역별 배추 생산량을 조사하여 나타낸 그림그래프입니다. 물음에 답하세요.

권역별 배추 생산량

10만 t
1만 t
(출처: 통계청, 2016.)

1 ☐ 안에 알맞게 써넣으세요.

🥬은 ☐ t, 🥬은 ☐ t을 나타냅니다.

2 대전·세종·충청 권역의 배추 생산량은 몇 t인가요?

(   ) t

3 배추 생산량이 가장 많은 권역은 어디인가요?

(   ) 권역

10만 t을 나타내는 그림이 가장 많은 권역을 알아봐.

5

자료와 여러 가지 그래프

103

4 권역별 전입자 수를 조사하여 나타낸 표입니다. 아래 표에 전입자 수를 반올림하여 만의 자리까지 나타내고 그림그래프를 완성해 보세요.

권역별 전입자 수

권역	전입자 수(명)	권역	전입자 수(명)
서울·인천·경기	320731	강원	16936
대전·세종·충청	64802	대구·부산·울산·경상	64802
광주·전라	55366	제주	8211

(출처: 통계청, 2016.)

권역별 전입자 수

권역	전입자 수(명)	권역	전입자 수(명)
서울·인천·경기		강원	20000
대전·세종·충청	60000	대구·부산·울산·경상	
광주·전라	60000	제주	10000

권역별 전입자 수

👤 10만 명
👤 1만 명
(출처: 통계청, 2016.)

구하려는 자리 바로 아래 자리의 숫자가 0, 1, 2, 3, 4이면 버리고, 5, 6, 7, 8, 9이면 올리는 방법을 반올림이라고 해.

개념 빠삭

 띠그래프 알아보기

띠그래프: 전체에 대한 각 부분의 비율을 띠 모양에 나타낸 그래프

좋아하는 과일별 학생 수

과일	사과	복숭아	키위	기타	합계
학생 수(명)	7	5	5	3	20
백분율(%)	35	25	25	15	❶

└─ 기준량을 100으로 할 때의 비율

> 표의 항목이 많아지면 내용을 한눈에 파악하기 어려워. 자료의 수가 적은 것은 '기타'에 넣어 정리하면 편리해.

좋아하는 과일별 학생 수

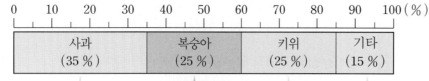

> 작은 눈금 한 칸은 5 %를 나타내고 있어.

$\frac{7}{20} \times 100 = 35$ $\frac{5}{20} \times 100 = 25$ $\frac{5}{20} \times 100 = 25$ $\frac{3}{20} \times 100 = 15$

(1) 띠그래프를 보고 알 수 있는 내용

　① **가장 높은** 비율을 차지하는 과일: ❷ [　　　　]

> 가장 많은 학생이 좋아하는 과일

　② 차지하는 비율이 같은 과일: 복숭아, 키위

> 비율이 높을수록 띠그래프에서 차지하는 부분의 길이가 길어.

(2) 띠그래프로 나타내면 좋은 점

　① 전체에 대한 **각 부분의 비율을 한눈에** 알아보기 쉽습니다.

　② 각 **항목끼리의 비율을 쉽게 비교**할 수 있습니다.

정답 확인 | ❶ 100   ❷ 사과

[1~2] 혜미네 반 학생들이 좋아하는 채소를 조사하여 나타낸 그래프입니다. 물음에 답하세요.

좋아하는 채소별 학생 수

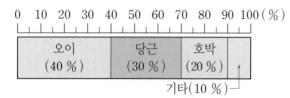

예제 문제 ❶

위와 같이 전체에 대한 각 부분의 비율을 띠 모양에 나타낸 그래프를 무엇이라고 하나요?

(　　　　　　　　　　)

예제 문제 ❷

앞 **1**에서 답한 그래프로 나타내면 좋은 점에 대한 설명이 맞으면 ○표, 틀리면 ×표 하세요.

(1)

> 좋아하는 채소별 학생 수의 비율을 한눈에 알아볼 수 있어.

(　　　　　　　　　　)

(2)

> 조사한 전체 학생 수를 쉽게 알 수 있어.

(　　　　　　　　　　)

[1~2] 유나네 학교 학생들이 가고 싶은 나라를 조사하여 나타낸 표입니다. 물음에 답하세요.

가고 싶은 나라별 학생 수

나라	영국	미국	프랑스	기타	합계
학생 수(명)	16	10	8	6	40

1 가고 싶은 나라별 학생 수의 백분율을 구하세요.

영국: $\dfrac{16}{40} \times 100 = \boxed{} \rightarrow \boxed{}$ %

미국: $\dfrac{10}{40} \times 100 = \boxed{} \rightarrow \boxed{}$ %

프랑스: $\dfrac{8}{40} \times 100 = 20 \rightarrow 20$ %

기타: $\dfrac{6}{40} \times 100 = 15 \rightarrow 15$ %

2 띠그래프를 완성해 보세요.

가고 싶은 나라별 학생 수

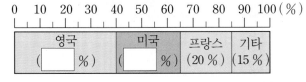

0 10 20 30 40 50 60 70 80 90 100 (%)

| 영국 (□ %) | 미국 (□ %) | 프랑스 (20 %) | 기타 (15 %) |

[3~4] 정호네 학교 학생들이 좋아하는 과목을 조사하여 나타낸 표입니다. 물음에 답하세요.

좋아하는 과목별 학생 수

과목	체육	국어	수학	기타	합계
학생 수(명)	25	10	10	5	50

3 좋아하는 과목별 학생 수의 백분율을 구하세요.

체육: $\dfrac{25}{50} \times 100 = \boxed{} \rightarrow \boxed{}$ %

국어: $\dfrac{10}{50} \times 100 = \boxed{} \rightarrow \boxed{}$ %

수학: $\dfrac{10}{50} \times 100 = 20 \rightarrow 20$ %

기타: $\dfrac{\boxed{}}{50} \times 100 = \boxed{} \rightarrow \boxed{}$ %

4 띠그래프를 완성해 보세요.

좋아하는 과목별 학생 수

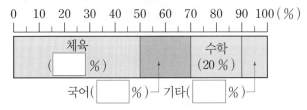

0 10 20 30 40 50 60 70 80 90 100 (%)

| 체육 (□ %) | | 수학 (20 %) | |

국어(□ %)   기타(□ %)

[5~6] 진호네 반 학생들의 취미를 조사하였습니다. 물음에 답하세요.

취미별 학생 수

취미	음악 감상	운동	독서	악기 연주	요리	그림 그리기	합계
학생 수(명)	9	4	4	1	1	1	20

5 표를 완성해 보세요.

> 자료의 수가 적을 때에는 '기타'에 넣어.

취미별 학생 수

취미	음악 감상	운동	독서	기타	합계
학생 수(명)	9	4	4		20

6 위 **5**의 표를 보고 나타낸 띠그래프입니다. 가장 많은 학생의 취미 활동은 무엇인가요?

취미별 학생 수

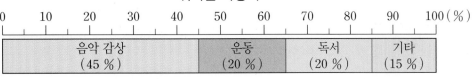

0   10   20   30   40   50   60   70   80   90   100 (%)

| 음악 감상 (45 %) | 운동 (20 %) | 독서 (20 %) | 기타 (15 %) |

(   )

 원그래프 알아보기

원그래프: 전체에 대한 각 부분의 비율을 원 모양에 나타낸 그래프

좋아하는 계절별 학생 수

계절	봄	여름	가을	겨울	합계
학생 수(명)	8	5	4	3	20
백분율(%)	40	25	20	15	❶

$\frac{8}{20} \times 100$ $\frac{5}{20} \times 100$ $\frac{4}{20} \times 100$ $\frac{3}{20} \times 100$

좋아하는 계절별 학생 수

 비율이 높을수록 원그래프에서 차지하는 부분의 넓이가 넓어.

(1) 원그래프를 보고 알 수 있는 내용
  ① **가장 높은** 비율을 차지하는 계절: ❷

    가장 많은 학생이 좋아하는 계절

  ② **가장 낮은** 비율을 차지하는 계절: 겨울

    가장 적은 학생이 좋아하는 계절

(2) 원그래프로 나타내면 좋은 점
  ① 전체에 대한 **각 부분의 비율을 한눈에** 알아보기 쉽습니다.
  ② 각 **항목끼리의 비율을 쉽게 비교**할 수 있습니다.
  ③ **작은 비율까지도 비교적 쉽게 나타낼** 수 있습니다.

정답 확인 | ❶ 100 ❷ 봄

[1~3] 은정이네 반 학생들이 좋아하는 꽃을 조사하여 나타낸 그래프입니다. 물음에 답하세요.

좋아하는 꽃별 학생 수

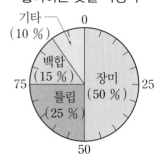

예제 문제 1

□ 안에 알맞은 말을 써넣으세요.

전체에 대한 각 부분의 비율을 원 모양에 나타낸 그래프를 [   ]라고 합니다.

예제 문제 2

백합을 좋아하는 학생 수의 비율은 전체의 몇 %인가요?

(   ) %

예제 문제 3

원그래프를 보고 알 수 있는 내용을 설명한 것입니다. 설명이 맞으면 ○표, 틀리면 ✕표 하세요.

(1) 가장 많은 학생이 좋아하는 꽃은 튤립입니다.
   ·····················( )

(2) 튤립을 좋아하는 학생 수는 장미를 좋아하는 학생 수의 반입니다. ·······( )

[1~3] 재호네 학교 학생들이 받고 싶은 선물을 조사하여 나타낸 표입니다. 물음에 답하세요.

받고 싶은 선물별 학생 수

선물	게임기	옷	휴대 전화	기타	합계
학생 수(명)	12	14	6	8	40

1 전체 학생 수에 대한 받고 싶은 선물별 학생 수의 백분율을 구하세요.

게임기: $\dfrac{12}{40} \times 100 = 30$ ➜ 30 %

옷: $\dfrac{14}{40} \times 100 = \boxed{}$ ➜ $\boxed{}$ %

휴대 전화: $\dfrac{6}{40} \times 100 = \boxed{}$ ➜ $\boxed{}$ %

기타: $\dfrac{\boxed{}}{40} \times 100 = \boxed{}$ ➜ $\boxed{}$ %

2 원그래프를 완성해 보세요.

받고 싶은 선물별 학생 수

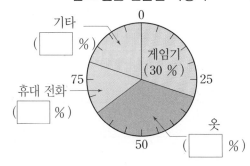

3 위 **2**의 원그래프를 보고 ☐ 안에 알맞은 말을 써넣으세요.

가장 많은 학생이 받고 싶은 선물은 ☐입니다.

 원그래프에서 가장 넓은 부분을 차지하는 항목을 알아봐.

[4~6] 규리네 학교 학생들이 좋아하는 반찬을 조사하여 나타낸 표입니다. 물음에 답하세요.

좋아하는 반찬별 학생 수

반찬	불고기	갈비찜	김치	기타	합계
학생 수(명)	18	10	8	4	40

4 전체 학생 수에 대한 좋아하는 반찬별 학생 수의 백분율을 구하세요.

불고기: $\dfrac{18}{40} \times 100 = 45$ ➜ 45 %

갈비찜: $\dfrac{10}{40} \times 100 = \boxed{}$ ➜ $\boxed{}$ %

김치: $\dfrac{\boxed{}}{40} \times 100 = \boxed{}$ ➜ $\boxed{}$ %

기타: $\dfrac{\boxed{}}{40} \times 100 = \boxed{}$ ➜ $\boxed{}$ %

5 원그래프를 완성해 보세요.

좋아하는 반찬별 학생 수

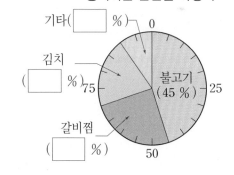

6 위 **5**의 원그래프를 보고 ☐ 안에 알맞은 말을 써넣으세요.

가장 많은 학생이 좋아하는 반찬은 ☐입니다.

1 그림그래프로 나타내기

[1~2] 국가별 1인당 이산화 탄소 배출량을 나타낸 표를 그림그래프로 나타내려고 합니다. 물음에 답하세요.

국가별 1인당 이산화 탄소 배출량

국가	인도	중국	오스트레일리아	러시아
1인당 이산화 탄소 배출량(t)	2	7	16	10

1 □ 안에 알맞은 수를 써넣으세요.

• (이산화탄소)은 10 t을, (이산화탄소)은 1 t을 나타냅니다.

• 오스트레일리아의 1인당 이산화 탄소 배출량은 □ t입니다. 16 t은 10 t이 1개, 1 t이 □개이므로 (이산화탄소) □개, (이산화탄소) □개로 나타냅니다.

2 국가별 1인당 이산화 탄소 배출량을 그림그래프로 나타내 보세요.

국가별 1인당 이산화 탄소 배출량

국가	배출량
인도	
중국	
오스트레일리아	
러시아	

(이산화탄소) 10 t (이산화탄소) 1 t

3 그림그래프로 나타내면 좋은 점을 설명한 것입니다. 설명이 맞으면 ○표, 틀리면 ✕표 하세요.

그림그래프는 어느 항목이 많고 적은지 한눈에 알 수 있어.

( )

[4~6] 미나네 마을 사람들의 혈액형을 조사하여 나타낸 표입니다. 물음에 답하세요.

혈액형별 사람 수

혈액형	A형	B형	AB형	O형
사람 수(명)	24205	16850	10037	21601
어림한 값(명)				

4 혈액형별 사람 수를 반올림하여 천의 자리까지 나타내어 위 표의 빈칸에 알맞게 써넣으세요.

5 위 4에서 구한 어림한 값을 그림그래프로 나타내 보세요.

혈액형별 사람 수

혈액형	사람 수
A형	
B형	
AB형	
O형	

😊 1만 명 🙂 1천 명

6 미나네 마을에서 사람 수가 가장 많은 혈액형은 무엇인가요?

( )

2 띠그래프 알아보기

[7~9] 현이네 반 학생들이 좋아하는 운동을 조사하여 나타낸 표입니다. 물음에 답하세요.

좋아하는 운동별 학생 수

운동	야구	축구	농구	배구	테니스	합계
학생 수(명)	12	9	6	2	1	30

7 조사한 학생은 모두 몇 **명**인가요?

꼭 단위까지 따라 쓰세요.

(　　　　　 명)

8 자료의 수가 적은 항목을 '기타'에 넣어 나타낸 표입니다. 표를 완성하고, 전체 학생 수에 대한 좋아하는 운동별 학생 수의 백분율을 구하세요.

좋아하는 운동별 학생 수

운동	야구	축구	농구	기타	합계
학생 수(명)	12	9			30

야구: $\dfrac{12}{30} \times 100 = \boxed{}$ ➡ $\boxed{}$ %

축구: $\dfrac{9}{30} \times 100 = \boxed{}$ ➡ $\boxed{}$ %

농구: $\dfrac{\boxed{}}{30} \times 100 = \boxed{}$ ➡ $\boxed{}$ %

기타: $\dfrac{\boxed{}}{30} \times 100 = \boxed{}$ ➡ $\boxed{}$ %

9 띠그래프를 완성해 보세요.

좋아하는 운동별 학생 수

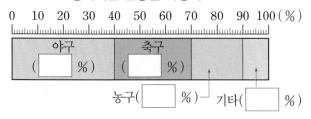

[10~13] 연우네 반 학생들이 좋아하는 색깔을 조사하여 나타낸 표입니다. 물음에 답하세요.

좋아하는 색깔별 학생 수

색깔	빨강	파랑	노랑	기타	합계
학생 수(명)	15	6	6	3	30

10 전체 학생 수에 대한 좋아하는 색깔별 학생 수의 백분율을 구하세요.

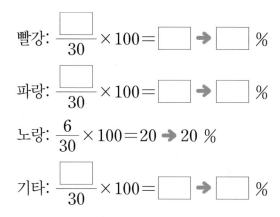

빨강: $\dfrac{\boxed{}}{30} \times 100 = \boxed{}$ ➡ $\boxed{}$ %

파랑: $\dfrac{\boxed{}}{30} \times 100 = \boxed{}$ ➡ $\boxed{}$ %

노랑: $\dfrac{6}{30} \times 100 = 20$ ➡ 20 %

기타: $\dfrac{\boxed{}}{30} \times 100 = \boxed{}$ ➡ $\boxed{}$ %

11 띠그래프를 완성해 보세요.

좋아하는 색깔별 학생 수

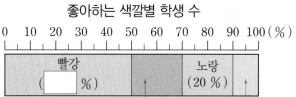

12 파랑을 좋아하는 학생 수와 비율이 같은 색깔은 무엇인가요?

(　　　　　　　　)

13 파랑을 좋아하는 학생 수보다 비율이 높은 색깔은 무엇인가요?

(　　　　　　　　)

5

자료와 여러 가지 그래프

109

[14~17] ㉮ 지역에 심은 작물별 밭의 넓이를 조사하여 나타낸 띠그래프입니다. 물음에 답하세요.

심은 작물별 밭의 넓이

| 0 10 20 30 40 50 60 70 80 90 100 (%) |

| 고구마 (25 %) | 감자 (28 %) | 옥수수 (20 %) | 콩 (14 %) | |

기타(13 %)

14 심은 밭의 넓이가 가장 넓은 작물은 무엇인가요?

( )

반복문제 15 심은 밭의 넓이가 두 번째로 넓은 작물은 무엇인가요?

( )

16 감자를 심은 밭의 넓이는 콩을 심은 밭의 넓이의 **몇 배**인가요?

꼭 단위까지 따라 쓰세요.

(배)

17 옥수수를 심은 밭의 넓이가 3 km²라면 ㉮ 지역의 밭 전체의 넓이는 **몇 km²**인가요?

(km²)

3 원그래프 알아보기

[18~20] 동물 사랑 동아리에서 회원들이 키우는 동물을 조사하여 나타낸 표입니다. 물음에 답하세요.

키우는 동물별 회원 수

동물	강아지	고양이	햄스터	기타	합계
회원 수(명)	18	10	8	4	40

18 전체 회원 수에 대한 키우는 동물별 회원 수의 백분율을 구하세요.

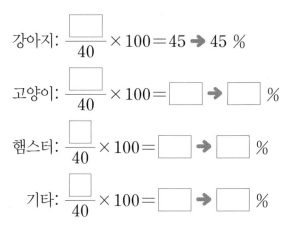

강아지: $\dfrac{\boxed{}}{40} \times 100 = 45$ ➡ 45 %

고양이: $\dfrac{\boxed{}}{40} \times 100 = \boxed{}$ ➡ $\boxed{}$ %

햄스터: $\dfrac{\boxed{}}{40} \times 100 = \boxed{}$ ➡ $\boxed{}$ %

기타: $\dfrac{\boxed{}}{40} \times 100 = \boxed{}$ ➡ $\boxed{}$ %

19 원그래프를 완성해 보세요.

키우는 동물별 회원 수

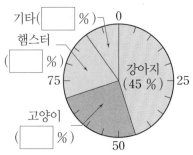

20 가장 많은 회원이 키우는 동물은 무엇인가요?

( )

[21~23] 수혁이네 반 학생들이 좋아하는 음식을 조사하여 나타낸 표입니다. 물음에 답하세요.

좋아하는 음식별 학생 수

음식	치킨	피자	햄버거	기타	합계
학생 수(명)	9	6	3	2	20

21 전체 학생 수에 대한 좋아하는 음식별 학생 수의 백분율을 구하여 표를 완성해 보세요.

좋아하는 음식별 학생 수

음식	치킨	피자	햄버거	기타	합계
백분율(%)				10	100

22 띠그래프와 원그래프를 완성해 보세요.

좋아하는 음식별 학생 수

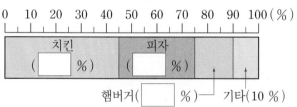

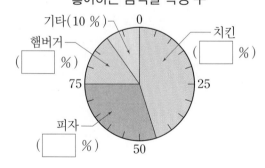

23 치킨을 좋아하는 학생 수는 햄버거를 좋아하는 학생 수의 **몇 배**인가요?

꼭 단위까지 따라 쓰세요.

(　　　　　 배)

24 띠그래프와 원그래프의 같은 점을 바르게 설명한 것을 모두 찾아 기호를 쓰세요.

> ㉠ 전체에 대한 각 부분의 비율을 한눈에 알아보기 쉽습니다.
> ㉡ 각 항목끼리의 비율을 쉽게 비교할 수 있습니다.
> ㉢ 수량의 변화하는 모습과 정도를 쉽게 알 수 있습니다.

(　　　　　　　　)

[25~26] 연수네 학교 학생들이 좋아하는 문화재를 조사하여 나타낸 원그래프입니다. 물음에 답하세요.

좋아하는 문화재별 학생 수

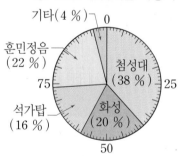

25 화성을 좋아하는 학생이 100명이라면 기타에 속하는 학생은 **몇 명**인가요?

(　　　　　 명)

🌀 융합형

26 위의 원그래프를 보고 문제를 만든 다음 답을 구하세요.

문제 _____

답 _____

🌱 띠그래프로 나타내기

〈띠그래프로 나타내는 방법〉

① 각 항목의 [❶   ]을 구합니다.
　└ 봄: $\frac{5}{20} \times 100 = 25$ ➡ 25 %, 여름: $\frac{4}{20} \times 100 = 20$ ➡ 20 %, 가을: $\frac{8}{20} \times 100 = 40$ ➡ 40 %, 겨울: $\frac{3}{20} \times 100 = 15$ ➡ 15 %

② 각 항목의 **백분율의 합계가** [❷   ] **%**가 되는지 확인합니다.
　└ (합계) = 25 + 20 + 40 + 15 = 100 (%)

③ 각 항목이 차지하는 **백분율의 크기**만큼 선을 그어 **띠를 나눕니다.**

④ 나눈 부분에 각 항목의 내용과 백분율을 씁니다.
　└ 항목의 내용과 백분율을 함께 적기 어려울 때는 화살표를 사용하여 그래프 밖에 씁니다.

⑤ 띠그래프의 제목을 씁니다.

5
자료와 여러 가지 그래프

좋아하는 계절별 학생 수

계절	봄	여름	가을	겨울	합계
학생 수(명)	5	4	8	3	20
① 백분율(%)	**25**	**20**	**40**	**15**	**100** ②

백분율의 합계는 항상 100 %야.

좋아하는 계절별 학생 수→⑤

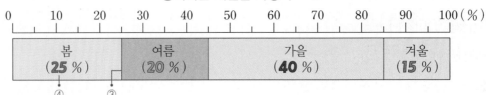

0　10　20　30　40　50　60　70　80　90　100 (%)

| 봄 (**25** %) | 여름 (20 %) | 가을 (**40** %) | 겨울 (**15** %) |

④　　③

112

정답 확인 | ❶ 백분율　❷ 100

[1~3] 준영이네 반 학생들이 좋아하는 과일을 조사하여 나타낸 표입니다. 물음에 답하세요.

좋아하는 과일별 학생 수

과일	배	포도	귤	사과	합계
학생 수(명)	8	7	4	1	20

예제 문제 ①

표를 완성해 보세요.

좋아하는 과일별 학생 수

과일	배	포도	귤	사과	합계
백분율(%)	40	35			100

예제 문제 ②

앞 1의 표에서 백분율의 합계가 100 %가 맞는지 확인해 보세요.

$$40 + 35 + \boxed{} + \boxed{} = \boxed{} \ (\%)$$

예제 문제 ③

앞 1의 표를 보고 띠그래프를 완성해 보세요.

좋아하는 과일별 학생 수

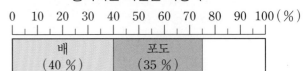

0　10　20　30　40　50　60　70　80　90　100 (%)

| 배 (40 %) | 포도 (35 %) | |

[1~3] 승현이네 반 학생들이 주말에 가고 싶은 장소를 조사하여 나타낸 표입니다. 물음에 답하세요.

주말에 가고 싶은 장소별 학생 수

장소	바다	박물관	동물원	기타	합계
학생 수(명)	14	10	12	4	40
백분율(%)	35	25			

1 전체 학생 수에 대한 주말에 가고 싶은 장소별 학생 수의 백분율을 구하세요.

바다: $\dfrac{14}{40} \times 100 = 35$ ➜ 35 %

박물관: $\dfrac{10}{40} \times 100 = 25$ ➜ 25 %

동물원: $\dfrac{12}{40} \times 100 = \boxed{}$ ➜ $\boxed{}$ %

기타: $\dfrac{4}{40} \times 100 = \boxed{}$ ➜ $\boxed{}$ %

2 위 **1**에서 구한 백분율의 합계는 얼마인가요?

(   ) %

3 띠그래프를 완성해 보세요.

주말에 가고 싶은 장소별 학생 수

0 10 20 30 40 50 60 70 80 90 100 (%)

| 바다 (35 %) | 박물관 (25 %) | |

[4~6] 어느 도시의 종류별 의료 시설 수를 조사하여 나타낸 표입니다. 물음에 답하세요.

종류별 의료 시설 수

종류	약국	병원	한의원	기타	합계
시설 수(개)	27	15	12	6	60
백분율(%)	45				

4 전체 의료 시설 수에 대한 종류별 의료 시설 수의 백분율을 구하세요.

약국: $\dfrac{27}{60} \times 100 = 45$ ➜ 45 %

병원: $\dfrac{15}{60} \times 100 = \boxed{}$ ➜ $\boxed{}$ %

한의원: $\dfrac{12}{60} \times 100 = \boxed{}$ ➜ $\boxed{}$ %

기타: $\dfrac{6}{60} \times 100 = \boxed{}$ ➜ $\boxed{}$ %

5 위 **4**에서 구한 백분율의 합계는 얼마인가요?

(   ) %

6 띠그래프를 완성해 보세요.

종류별 의료 시설 수

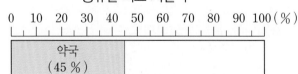

0 10 20 30 40 50 60 70 80 90 100 (%)

| 약국 (45 %) | |

5

자료와 여러 가지 그래프

113

7 표를 보고 띠그래프로 나타내 보세요.

배우고 싶은 운동별 학생 수

운동	수영	태권도	발레	기타	합계
백분율(%)	35	30	20	15	100

배우고 싶은 운동별 학생 수

0 10 20 30 40 50 60 70 80 90 100 (%)

먼저 백분율의 크기만큼 띠를 나눠 봐!

🪴 **원그래프로 나타내기**

〈원그래프로 나타내는 방법〉

① **각 항목의 백분율**을 구합니다.

장미: $\frac{16}{40} \times 100 = 40 \Rightarrow 40\%$, 튤립: $\frac{10}{40} \times 100 = 25 \Rightarrow 25\%$, 무궁화: $\frac{8}{40} \times 100 = 20 \Rightarrow 20\%$, 백합: $\frac{6}{40} \times 100 = 15 \Rightarrow 15\%$

② 각 항목의 **백분율의 합계가 100 %**가 되는지 확인합니다.

(합계) = 40 + 25 + 20 + 15 = 100 (%)

③ 각 항목이 차지하는 ❶[   ]의 크기만큼 선을 그어 원을 나눕니다.

④ 나눈 부분에 각 항목의 내용과 백분율을 씁니다.

항목의 내용과 백분율을 함께 적기 어려울 때는 화살표를 사용하여 그래프 밖에 씁니다.

⑤ 원그래프의 ❷[   ]을 씁니다.

좋아하는 꽃별 학생 수

꽃	장미	튤립	무궁화	백합	합계
학생 수(명)	16	10	8	6	40
백분율(%)	**40**	**25**	**20**	**15**	**100**

백분율의 합계는 항상 100 %야.

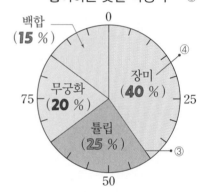

좋아하는 꽃별 학생 수 →⑤

자료와 여러 가지 그래프

정답 확인 | ❶ 백분율 ❷ 제목

[1~2] 경민이네 반 학급 문고를 조사하여 나타낸 표입니다. 물음에 답하세요.

학급 문고의 종류별 책 수

종류	동화책	위인전	만화책	기타	합계
책 수(권)	20	15	10	5	50

예제 문제 **1**

표를 완성해 보세요.

학급 문고의 종류별 책 수

종류	동화책	위인전	만화책	기타	합계
백분율(%)	40	30			100

예제 문제 **2**

원그래프를 완성해 보세요.

학급 문고의 종류별 책 수

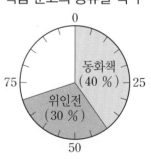

백분율의 크기만큼 원을 나누고 각 항목의 내용과 백분율을 써 봐.

정답과 해설 **22**쪽

[1~2] 경진이네 학교 학생들이 가고 싶은 도시를 조사하여 나타낸 표입니다. 물음에 답하세요.

가고 싶은 도시별 학생 수

도시	파리	베이징	뉴욕	기타	합계
학생 수(명)	70	50	60	20	200
백분율(%)	35	25			100

1 전체 학생 수에 대한 가고 싶은 도시별 학생 수의 백분율을 구하세요.

파리: $\dfrac{70}{200} \times 100 = 35$ ➡ 35 %

베이징: $\dfrac{50}{200} \times 100 = 25$ ➡ 25 %

뉴욕: $\dfrac{60}{200} \times 100 =$ ☐ ➡ ☐ %

기타: $\dfrac{20}{200} \times 100 =$ ☐ ➡ ☐ %

2 원그래프를 완성해 보세요.

가고 싶은 도시별 학생 수

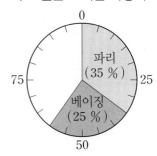

[3~4] 미주네 반 학생들이 좋아하는 생선을 조사하여 나타낸 표입니다. 물음에 답하세요.

좋아하는 생선별 학생 수

생선	참치	꽁치	갈치	기타	합계
학생 수(명)	14	12	8	6	40
백분율(%)	35				100

3 전체 학생 수에 대한 좋아하는 생선별 학생 수의 백분율을 구하세요.

참치: $\dfrac{14}{40} \times 100 = 35$ ➡ 35 %

꽁치: $\dfrac{12}{40} \times 100 =$ ☐ ➡ ☐ %

갈치: $\dfrac{8}{40} \times 100 =$ ☐ ➡ ☐ %

기타: $\dfrac{6}{40} \times 100 =$ ☐ ➡ ☐ %

4 원그래프를 완성해 보세요.

좋아하는 생선별 학생 수

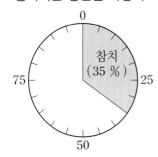

[5~6] 표를 보고 원그래프로 나타내 보세요.

5

즐겨 보는 텔레비전 프로그램별 학생 수

프로그램	예능	드라마	스포츠	기타	합계
백분율(%)	45	20	20	15	100

즐겨 보는 텔레비전 프로그램별 학생 수

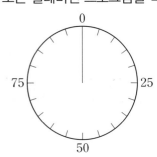

6

좋아하는 악기별 학생 수

악기	피아노	리코더	플루트	기타	합계
백분율(%)	30	35	25	10	100

좋아하는 악기별 학생 수

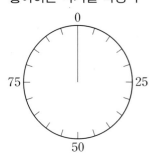

④ 띠그래프로 나타내기

[1~2] 표를 보고 띠그래프로 나타내 보세요.

1

점심 시간에 하는 운동별 학생 수

운동	줄넘기	축구	피구	기타	합계
백분율(%)	50	25	15	10	100

점심 시간에 하는 운동별 학생 수

0 10 20 30 40 50 60 70 80 90 100(%)

2

여가 활동별 학생 수

여가 활동	여행	독서	운동	기타	합계
백분율(%)	35	30	25	10	100

여가 활동별 학생 수

0 10 20 30 40 50 60 70 80 90 100(%)

[3~4] 승민이네 학교 학생들이 알뜰 장터에서 팔려는 물건을 조사하여 나타낸 표입니다. 물음에 답하세요.

팔려는 물건별 학생 수

물건	책	장난감	학용품	옷	기타	합계
학생 수(명)	50	30	70	30	20	200
백분율(%)	25	15		15		

3 위 표의 빈칸에 알맞은 수를 써넣으세요.

4 표를 보고 띠그래프로 나타내 보세요.

팔려는 물건별 학생 수

0 10 20 30 40 50 60 70 80 90 100(%)

[5~7] 하윤이네 반 학생들의 하루 중 휴대 전화 사용 시간을 조사한 결과입니다. 물음에 답하세요.

> 하윤이네 반 학생들의 하루 동안 휴대 전화 사용 시간을 조사했습니다. 1시간 미만이 15 %, 1시간 이상 2시간 미만이 25 %, 2시간 이상 3시간 미만이 30 %, 3시간 이상이 30 %였습니다.

5 자료를 보고 표를 완성해 보세요.

사용 시간	1시간 미만	1시간 이상 2시간 미만	2시간 이상 3시간 미만	3시간 이상	합계
백분율 (%)	15				100

6 휴대 전화 사용 시간별 학생 수의 비율을 띠그래프로 나타내 보세요.

0 10 20 30 40 50 60 70 80 90 100(%)

7 위 **6**의 띠그래프에 대한 설명이 맞으면 ○표, 틀리면 ×표 하세요.

> 하루 동안 휴대 전화 사용 시간이 2시간 이상 3시간 미만인 학생 수는 하윤이네 반 전체 학생 수의 $\frac{1}{3}$배야.

(   )

5 원그래프로 나타내기

[8~11] 유라네 학교 6학년 대표 선거의 후보자별 득표 수를 조사하여 나타낸 표입니다. 물음에 답하세요.

6학년 대표 선거 후보자별 득표수

이름	유라	호민	선우	영희	경수	합계
득표수(표)	12	20	28	16	4	80
백분율(%)	15	25				

8 위 표의 빈칸에 알맞은 수를 써넣으세요.

9 표를 보고 원그래프로 나타내 보세요.

6학년 대표 선거 후보자별 득표수

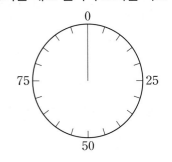

10 백분율이 클수록 득표수는 많은가요, 적은가요?

( )

11 유라네 학교 6학년 대표를 1명 뽑을 때 대표가 될 후보자는 누구인가요?

( )

[12~15] 재준이네 학교 6학년 학생들이 수학여행으로 가고 싶은 지역을 조사했습니다. 물음에 답하세요.

학생들이 수학여행으로 가고 싶은 지역을 조사했습니다. 200명의 학생들을 조사했으며, 가고 싶은 지역으로 선택한 학생 수는 경주가 80명, 부산이 60명, 제주도가 50명, 기타 지역이 10명이었습니다.

12 자료를 보고 표를 완성해 보세요.

수학여행으로 가고 싶은 지역별 학생 수

지역	경주	부산	제주도	기타	합계
학생 수(명)	80			10	200

13 전체 학생 수에 대한 수학여행으로 가고 싶은 지역별 학생 수의 백분율을 구하여 표를 완성해 보세요.

수학여행으로 가고 싶은 지역별 학생 수

지역	경주	부산	제주도	기타	합계
백분율(%)	40			5	

14 위 **13**의 표를 보고 띠그래프로 나타내 보세요.

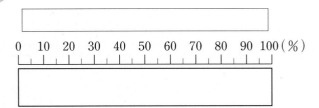

15 위 **13**의 표를 보고 원그래프로 나타내 보세요.

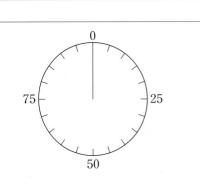

1 띠그래프 해석하기

연령별 인구 구성 비율의 변화

☐14세 이하 ☐15세 이상~64세 이하 ☐65세 이상

1990년	25.6 %	69.3 %	⤹5.1 %
2000년	21.1 %	71.7 %	⤹7.2 %
2010년	16.2 %	72.8 %	←11 %
2020년	12.2 %	72 %	15.8 %

(1) 1990년부터 2020년까지 14세 이하의 인구 구성 비율은 줄어들고 있습니다.

(2) 1990년부터 2020년까지 65세 이상의 인구 구성 비율은 늘어나고 있습니다.

(3) 2010년의 14세 이하 또는 65세 이상의 인구 구성 비율은 전체의 $16.2 + 11 =$ ❶ ☐ (%)입니다.

> (A 또는 B의 비율)
> =(A의 비율)+(B의 비율)이야.

(4) 2020년에 인구가 4800만 명이라면 15세 이상 64세 이하의 인구는 → $72\% = \dfrac{72}{100}$

$4800만 \times \dfrac{72}{100} = 3456만$ (명)입니다.

> ■의 ● % ➡ ■ × $\dfrac{●}{100}$로 구해.

2 원그래프 해석하기

현주네 반의 성씨별 학생 수

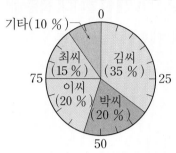

(조사한 학생 수: 20명)

(1) 현주네 반에서 최씨 성을 가진 학생 수의 비율은 15 %입니다.

(2) 현주네 반에서 박씨와 이씨 성을 가진 학생 수는 같습니다.

> 항목의 비율이 같으면 항목의 수도 같아.

(3) 현주네 반에서 김씨 성을 가진 학생은

$20 \times \dfrac{35}{100} =$ ❷ ☐ (명)입니다.
→ 조사한 학생 수

(4) 현주네 반에서 김씨, 박씨, 이씨, 최씨 성이 아닌

학생은 $20 \times \dfrac{10}{100} = 2$(명)입니다. → 기타에 속하는 학생

정답 확인 | ❶ 27.2 ❷ 7

[1~2] 우진이네 학교 학생들이 존경하는 위인을 조사하여 나타낸 원그래프입니다. 물음에 답하세요.

존경하는 위인별 학생 수

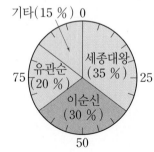

예제 문제 1

가장 많은 학생이 존경하는 위인에 ○표 하세요.

(세종대왕 , 이순신 , 유관순)

예제 문제 2

이순신을 존경하는 학생 수는 유관순을 존경하는 학생 수의 몇 배인가요?

$30 \div 20 =$ ☐ (배)

[1~3] 유민이가 한 달 동안 쓴 용돈의 쓰임새를 조사하여 나타낸 띠그래프입니다. 물음에 답하세요.

용돈의 쓰임새별 금액

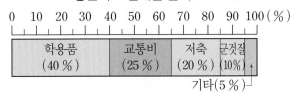

1 저축 또는 군것질에 사용한 금액은 전체의 몇 %인가요?

(   ) %

2 학용품을 사는 데 사용한 금액은 저축에 사용한 금액의 몇 배인가요?

(   )배

3 교통비가 15000원이라면 유민이의 한 달 용돈은 얼마인가요?

(   )원

[4~6] 효창이네 학교 학생들이 희망하는 특별실을 조사하여 나타낸 원그래프입니다. 물음에 답하세요.

희망하는 특별실별 학생 수

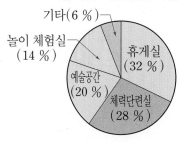

4 휴게실 또는 체력단련실을 희망하는 학생은 전체의 몇 %인가요?

(   ) %

5 휴게실을 희망하는 학생 수는 예술공간을 희망하는 학생 수의 몇 배인가요?

(   )배

6 놀이 체험실을 희망하는 학생이 70명이라면 체력단련실을 희망하는 학생은 몇 명인가요?

(   )명

[7~8] 2018년부터 2020년까지 어느 회사의 제품별 판매량을 조사하여 각각 띠그래프로 나타냈습니다. 띠그래프를 보고 알 수 있는 내용이면 ○표, 알 수 없는 내용이면 ×표 하세요.

제품별 판매량

☐ 가 제품 ▨ 나 제품 ▢ 다 제품

2018년	13 %	65 %	22 %
2019년	17 %	66 %	17 %
2020년	19 %	68 %	13 %

7 띠그래프를 보고 2019년의 나 제품의 판매량을 알 수 있습니다. (   )

8 가 제품의 판매량의 비율이 점점 늘어나고 있습니다.

(   )

단계 1 개념 빠삭

7 여러 가지 그래프를 비교하기

▶개념동영상 5-⑦

1 그림그래프

권역별 연 강수량

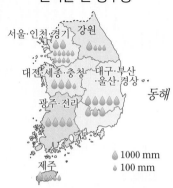

① **①** 의 크기와 수로 수량의 많고 적음을 알 수 있습니다.

② 자료에 따라 **상징적인 그림**을 사용할 수 있어서 재미있게 나타낼 수 있습니다.

2 띠그래프, 원그래프

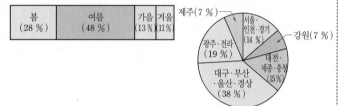

① 전체에 대한 **각 부분의 ②** 을 한눈에 알아보기 쉽습니다.

② 각 항목끼리의 비율을 쉽게 비교할 수 있습니다.

3 막대그래프

서울의 계절별 강수량

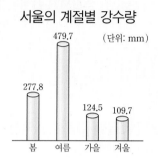

① 수량의 많고 적음을 한눈에 비교하기 쉽습니다.

② 각 항목의 크기를 비교할 때 편리합니다.

4 꺾은선그래프

서울의 계절별 강수량

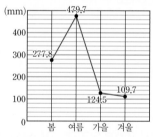

① 시간에 따라 연속적으로 변하는 양을 나타내는 데 편리합니다.

② 수량의 변화하는 모습과 정도를 쉽게 알 수 있습니다.

정답 확인 | ❶ 그림 ❷ 비율

5
자료와 여러 가지 그래프

120

예제 문제 1

알맞은 그래프에 ○표 하세요.

> 시간에 따라 연속적으로 변하는 양을 나타내는 데 편리합니다.

(막대그래프 , 꺾은선그래프)

예제 문제 2

자료를 그래프로 나타낼 때 알맞은 그래프를 찾아 이어 보세요.

마을별 병원 수	월별 몸무게의 변화
•	•
•	•
꺾은선그래프	띠그래프

[1~3] 마을별 배출한 음식물 쓰레기 양을 조사하여 나타낸 그림그래프입니다. 물음에 답하세요.

마을별 음식물 쓰레기 배출량

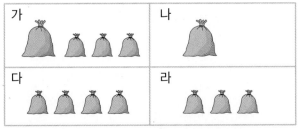

500 kg   100 kg

1 표를 완성해 보세요.

마을별 음식물 쓰레기 배출량

마을	가	나	다	라	합계
배출량(kg)	800		400	300	2000
백분율(%)		25	20	15	100

2 막대그래프로 나타내 보세요.

마을별 음식물 쓰레기 배출량

(kg)				
500				
0				
배출량＼마을	가	나	다	라

3 띠그래프로 나타내 보세요.

마을별 음식물 쓰레기 배출량

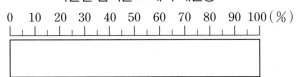

0 10 20 30 40 50 60 70 80 90 100 (%)

[4~6] 어느 도시의 구별 인구수를 조사하여 나타낸 표입니다. 물음에 답하세요.

구별 인구수

구	북구	남구	동구	서구	합계
인구수(만 명)	8	16	10		40
백분율(%)		40			100

4 표를 완성해 보세요.

5 그림그래프로 나타내 보세요.

구별 인구수

구	인구수
북구	
남구	
동구	
서구	

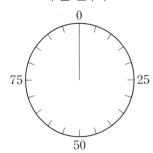 10만 명   1만 명

6 원그래프로 나타내 보세요.

구별 인구수

0
75   25
50

⑥ 그래프 해석하기

[1~4] 기태네 반 학생들이 체험 학습으로 가고 싶은 곳을 조사하여 나타낸 띠그래프입니다. 물음에 답하세요.

가고 싶은 곳별 학생 수

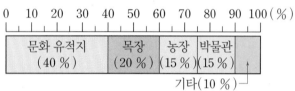

1 문화 유적지에 가고 싶은 학생은 전체의 **몇 %**인가요?

꼭 단위까지 따라 쓰세요.

(%   )

2 농장에 가고 싶은 학생 수와 비율이 같은 곳은 어디인가요?

(   )

3 띠그래프를 보고 잘못 말한 사람은 누구인가요?

> 석원: 문화 유적지에 가고 싶은 학생 수는 목장에 가고 싶은 학생 수의 2배야.
> 채원: 기태네 반은 가장 많은 학생이 가고 싶은 농장으로 체험 학습을 갈 것 같아.

(   )

4 목장에 가고 싶은 학생이 8명이라면 기태네 반 학생은 모두 **몇 명**인가요?

(명   )

[5~8] 민지네 집과 주아네 집의 생활비의 쓰임새를 조사하여 나타낸 원그래프입니다. 물음에 답하세요.

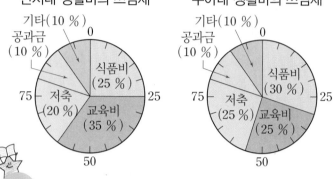

민지네 생활비의 쓰임새   주아네 생활비의 쓰임새

5 민지네 집이 저축 또는 공과금으로 사용한 금액은 전체의 **몇 %**인가요?

(%   )

반복문제 **6** 주아네 집이 식품비 또는 교육비로 사용한 금액은 전체의 **몇 %**인가요?

(%   )

7 주아네 집의 생활비가 300만 원이라면 저축으로 사용한 금액은 얼마인가요?

(원   )

8 원그래프를 보고 바르게 말한 사람은 누구인가요?

> 생활비에서 식품비로 사용한 비율은 주아네 집이 민지네 집보다 높아.
>   소윤

> 민지네 집의 생활비 중에서 저축으로 사용한 금액이 가장 적어.
>   현서

(   )

5

자료와 여러 가지 그래프

7 여러 가지 그래프를 비교하기

[9~12] 권역별 유치원 수를 조사하여 나타낸 그래프입니다. 두 그래프를 비교해 보고 물음에 답하세요.

㈎ 권역별 유치원 수

서울·인천·경기　강원

대전·세종·충청

대구·부산·울산·경상

광주·전라

동해

제주

🏫1000개
🏫100개
(출처: 통계청, 2017.)

㈏ 권역별 유치원 수

제주(2 %)
광주·전라 (15 %)
대구·부산·울산·경상 (26 %)
대전·세종·충청 (13 %)
서울·인천·경기 (40 %)
강원 (4 %)

(출처: 통계청, 2017.)

9 각 그래프는 어떤 그래프인가요?

㈎ (　　　　　　　　　)

㈏ (　　　　　　　　　)

10 유치원 수가 가장 많은 권역의 유치원은 **몇** 개인가요?

꼭 단위까지 따라 쓰세요.

(　　　　　　 개 　)

11 유치원 수의 비율이 대전·세종·충청 권역보다 낮은 권역을 모두 찾아 쓰세요.

(　　　　　　　　　)

서술형 첫 단계

12 ㈏ 그래프를 보고 알 수 있는 내용을 쓰세요.

_____

_____

[13~15] 서울의 4년 동안 강수량을 조사하여 나타낸 그래프입니다. 세 그래프를 비교해 보고 물음에 답하세요.

㈎ 서울의 연도별 강수량

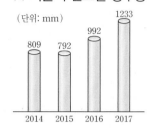

(단위: mm)
809　792　992　1233
2014　2015　2016　2017

㈏ 서울의 연도별 강수량

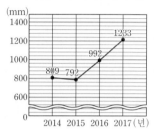

(mm)
1400
1200
1000
800
600
0
809　792　992　1233
2014　2015　2016　2017 (년)

㈐ 서울의 연도별 강수량

2014년 (21 %)	2015년 (21 %)	2016년 (26 %)	2017년 (32 %)

(출처: 통계청, 2018.)

13 각 그래프는 어떤 그래프인가요?

㈎ (　　　　　　　　　)

㈏ (　　　　　　　　　)

㈐ (　　　　　　　　　)

14 연도별 강수량의 비율을 비교하기 편리한 그래프의 기호를 쓰세요.

(　　　　　　　　　)

15 연도별 강수량이 변화하는 모습을 쉽게 알 수 있는 그래프의 기호를 쓰세요.

(　　　　　　　　　)

창의·융합

16 자료를 그래프로 나타낼 때 어떤 그래프가 좋을지 쓰세요.

(1) 개월 수에 따른 아기 몸무게의 변화

(　　　　　　　　　)

(2) 지역별 포도 수확량

(　　　　　　　　　)

5

자료와 여러 가지 그래프

123

[1~3] 은수네 반 학생들의 혈액형을 조사하여 나타낸 표입니다. 물음에 답하세요.

혈액형별 학생 수

혈액형	A형	B형	O형	AB형	합계
학생 수(명)	18	14	6	2	40

1 전체 학생 수에 대한 혈액형별 학생 수의 백분율을 구하세요.

A형: $\dfrac{18}{40} \times 100 = $ □ ➡ □ %

B형: $\dfrac{14}{40} \times 100 = $ □ ➡ □ %

O형: $\dfrac{6}{40} \times 100 = $ □ ➡ □ %

AB형: $\dfrac{2}{40} \times 100 = $ □ ➡ □ %

2 띠그래프를 완성해 보세요.

혈액형별 학생 수

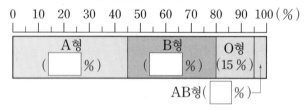

3 은수네 반에서 가장 많은 학생의 혈액형은 무엇인가요?

( )

4 전체에 대한 각 부분의 비율을 한눈에 알 수 있는 그래프를 모두 찾아 ○표 하세요.

막대그래프   띠그래프
그림그래프   원그래프

[5~6] 권역별 경찰관 수를 조사하여 나타낸 그림그래프입니다. 물음에 답하세요.

권역별 경찰관 수

1만 명
1천 명
(출처: 통계청, 2015.)

5 서울·인천·경기 권역의 경찰관은 몇 명인가요?

( )

6 경찰관 수가 두 번째로 많은 권역은 어디인가요?

( )

[7~9] 영표네 마을의 자동차 수를 종류별로 조사하여 나타낸 표입니다. 물음에 답하세요.

종류별 자동차 수

종류	승용차	택시	버스	기타	합계
자동차 수(대)	140	120	80	60	400
백분율(%)					100

7 전체 자동차 수에 대한 종류별 자동차 수의 백분율을 구하여 표를 완성해 보세요.

8 위 **7**의 표를 보고 원그래프로 나타내 보세요.

종류별 자동차 수

9 영표네 마을에서 택시의 수는 기타의 몇 배인가요?

( )

10 배우고 싶은 악기별 학생 수를 그래프로 나타낼 때 어떤 그래프가 좋을지 보기에서 모두 찾아 기호를 쓰세요.

보기
ㄱ 띠그래프 ㄴ 막대그래프
ㄷ 꺾은선그래프 ㄹ 원그래프

( )

[11~14] 영진이가 오늘 먹은 저녁 식단의 영양소를 조사하여 나타낸 원그래프입니다. 물음에 답하세요.

저녁 식단의 영양소

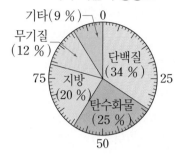

11 단백질은 저녁 식단의 전체 영양소의 몇 %인가요?

( )

12 지방 또는 무기질은 저녁 식단의 전체 영양소의 몇 %인가요?

( )

13 원그래프를 보고 바르게 말한 사람은 누구인가요?

저녁 식단의 영양소 중 탄수화물의 비율이 가장 높아.
은우

탄수화물의 비율은 무기질의 비율의 약 2배야!

민재

( )

14 탄수화물이 55 g이라면 저녁 식단의 전체 영양소는 몇 g인가요?

( )

[15~16] 슬기네 학교 학생들이 한 달 동안 읽은 책의 수를 조사하여 나타낸 띠그래프입니다. 물음에 답하세요.

읽은 책의 수별 학생 수

0 10 20 30 40 50 60 70 80 90 100 (%)

5권 이하 (40 %)	6~10권 (20 %)	11~15권 (23 %)	16~20권 (12%)

21권 이상(5 %)

15 책을 6~10권 읽은 학생 수는 5권 이하 읽은 학생 수의 몇 배인가요?

(   )

🔵 서술형 첫 단계

16 띠그래프를 보고 알 수 있는 내용을 쓰세요.

_____

_____

17 은지의 하루 일과를 원그래프로 나타낸 것입니다. 은지의 하루 독서 시간이 3.6시간일 때 학교 생활 시간은 몇 시간인가요?

은지의 하루 일과

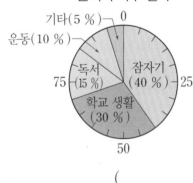

(   )

[18~20] 기찬이네 마을은 주택지로 280 km², 논으로 240 km², 산림으로 160 km², 밭으로 60 km², 공터로 60 km²의 토지를 이용하고 있습니다. 물음에 답하세요.

18 기찬이네 마을의 토지의 넓이는 모두 몇 km²인가요?

(   )

19 기타에 밭과 공터를 넣을 때 표를 완성해 보세요.

토지 이용도

토지	주택지	논	산림	기타	합계
넓이(km²)	280	240	160		
백분율(%)					100

20 위 **19**의 표를 보고 띠그래프와 원그래프로 나타내 보세요.

토지 이용도

0 10 20 30 40 50 60 70 80 90 100 (%)

토지 이용도

17. 두 항목의 백분율을 나눗셈으로 비교하여 몇 배인지 먼저 구합니다.

예 요일별 지각생 수를 조사한 원그래프에서 월요일이 50 %, 수요일이 25 %일 때

➡ 월요일 지각생 수(50 %)는 수요일 지각생 수(25 %)의 50÷25＝2(배)입니다.

 혜원이는 한 달 동안 쓴 용돈의 쓰임을 발표하고 있습니다. 두 그림에서 서로 다른 3곳을 찾아 ○표 하고 물음에 답하세요.

 혜원이가 용돈에서 가장 많이 사용한 항목은 무엇일까?

그래프에서 차지하는 부분이 가장 넓은 [   ]이야.

 혜원이의 한 달 용돈이 10000원이라면 군것질에 사용한 용돈은 얼마일까?

군것질은 한 달 용돈의 [   ] %이니까 [   ] 원을 사용했어.

6 직육면체의 부피와 겉넓이

6단원 학습 계획표

✔ 이 단원의 표준 학습 일수는 6일입니다. 계획대로 공부한 후 확인란에 사인을 받으세요.

이 단원에서 배울 내용	쪽수	계획한 날	확인
1단계 개념 빠삭 ❶ 직육면체의 부피 비교하기 ❷ 직육면체의 부피 구하기(1)	130~133쪽	월 일	확인했어요! ☺
2단계 익힘책 빠삭	134~135쪽		
1단계 개념 빠삭 ❸ 직육면체의 부피 구하기(2) ❹ 직육면체의 부피 구하기(3) ❺ 1 m³ 알아보기	136~141쪽	월 일	확인했어요! ☺
2단계 익힘책 빠삭	142~145쪽	월 일	
1단계 개념 빠삭 ❻ 직육면체의 겉넓이 구하기(1) ❼ 직육면체의 겉넓이 구하기(2)	146~149쪽	월 일	확인했어요! ☺
2단계 익힘책 빠삭	150~153쪽	월 일	
TEST 6단원 평가	154~156쪽	월 일	확인했어요! ☺

스마트폰을 이용하여 QR 코드를 찍으면 개념 학습 영상을 볼 수 있어요.

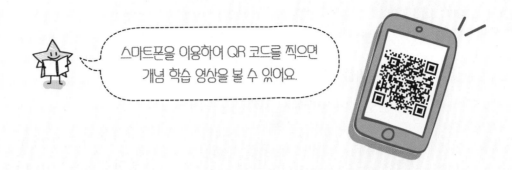

🍎 스승의 날 케이크를 만드는 상황을 가리키는 속담은?

 개념 빠삭 **①** 직육면체의 부피 비교하기

▶ 개념동영상 6-①

① 두 상자의 부피를 직접 비교하기

부피: 어떤 물건이 공간에서 차지하는 크기

가
7 cm
12 cm 10 cm

나
10 cm
10 cm 11 cm

┌ 밑면의 가로: 12 cm > 10 cm
├ 밑면의 세로: 10 cm < 11 cm
└ 높이: 7 cm **❶** ◯ 10 cm

➡ 상자 가, 나의 가로, 세로, 높이를 각각 직접 맞대어 비교할 수 있지만 어느 상자의 부피가 더 큰지 정확히 비교할 수 없습니다.

② 블록을 이용하여 상자의 부피 비교하기

두 상자의 부피를 정확히 비교하려면 모양과 크기가 같은 물건으로 채워 그 수를 비교합니다.

가

나

> 모양과 크기가 같은 블록을 더 많이 담을 수 있는 상자가 더 큰 상자야.

┌ 가에 담은 블록의 수: 24개 → 한 층에 3×2=6(개)씩 4층: 6×4=24(개)
└ 나에 담은 블록의 수: **❷** [ ]개 → 한 층에 3×3=9(개)씩 3층: 9×3=27(개)

➡ 블록의 수가 더 많은 것은 나이므로 **부피가 더 큰 상자**는 [**❸**]입니다.

정답 확인 | **❶** < **❷** 27 **❸** 나

6
직육면체의 부피와 겉넓이

130

예제 문제 **1**

두 직육면체 모양 상자의 부피를 비교하려고 합니다. ◯ 안에 >, =, <를 알맞게 써넣고, 알맞은 말에 ◯표 하세요.

가

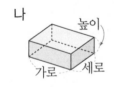
나

(1) (가의 가로) ◯ (나의 가로)

　　(가의 세로) ◯ (나의 세로)

　　(가의 높이) ◯ (나의 높이)

(2) 가와 나 중에서 어느 상자의 부피가 더 큰지 정확히 알 수 (있습니다 , 없습니다).

예제 문제 **2**

두 상자에 담을 수 있는 블록을 세어 두 상자의 부피를 비교하려고 합니다. ☐ 안에 알맞은 수나 말을 써넣으세요.

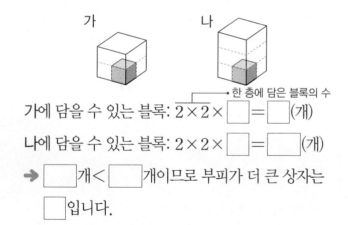

가에 담을 수 있는 블록: 2×2×[ ]=[ ](개)

나에 담을 수 있는 블록: 2×2×[ ]=[ ](개)

➡ [ ]개 < [ ]개이므로 부피가 더 큰 상자는 [ ]입니다.

◗ 정답과 해설 25쪽

[1~2] 부피가 가장 큰 직육면체를 찾아 기호를 쓰세요.

1

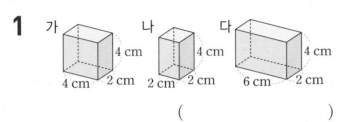

( )

2

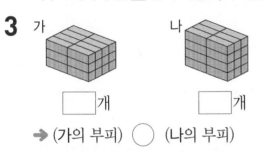

( )

[3~4] 크기가 같은 나무토막을 직육면체 모양으로 쌓은 후 부피를 비교하려고 합니다.
나무토막의 수를 ☐ 안에 써넣고, 부피를 비교하여 ◯ 안에 >, =, <를 알맞게 써넣으세요.

3 가   나

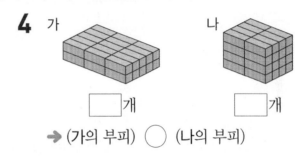

☐ 개   ☐ 개

➡ (가의 부피) ◯ (나의 부피)

4 가   나

☐ 개   ☐ 개

➡ (가의 부피) ◯ (나의 부피)

[5~8] 직육면체 모양의 상자에 크기가 같은 쌓기나무를 담아 부피를 비교하려고 합니다.
담을 수 있는 쌓기나무의 수를 ☐ 안에 써넣고, 부피가 더 큰 상자의 기호를 쓰세요.

5 가   나

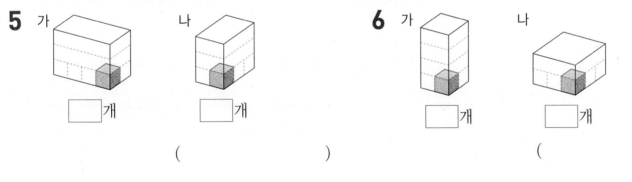

☐ 개   ☐ 개

( )

6 가   나

☐ 개   ☐ 개

( )

7 가   나

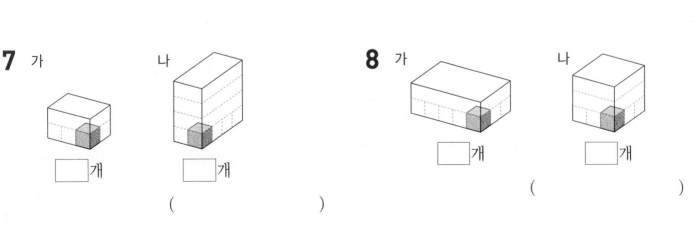

☐ 개   ☐ 개

( )

8 가   나

☐ 개   ☐ 개

( )

개념 빠삭 ② 직육면체의 부피 구하기(1)

▶ 개념동영상 6-②

① 1 cm³ 알아보기

1 cm³: 한 모서리의 길이가 **1 cm**인 정육면체의 부피

쓰기 $1\,cm^3$

읽기 **1** 세제곱센티미터

② 부피가 1 cm³인 쌓기나무의 수를 세어 부피 구하기

> 부피가 1 cm³인 쌓기나무가 몇 개인지 세어 직육면체의 부피를 구할 수 있어.

1. 직육면체의 부피 구하기

2층→높이
3개→가로 2개→세로

쌓기나무의 수: 한 층에 $3 \times 2 = 6$(개)씩 2층

→ $6 \times 2 = 12$(개) ···· $3 \times 2 \times 2$

직육면체의 부피: ❶ ☐ cm³

2. 가로, 세로, 높이와 부피의 관계 알아보기

> 가로, 세로, 높이가 각각 ■배가 되면 부피는 (■×■×■)배가 돼.

 가 나

직육면체	가	나
쌓기나무의 수(개)	1	2
부피(cm³)	1	2

➜ 가로가 **2**배가 되면 부피도 **2**배가 됩니다.

 가 나

직육면체	가	나
쌓기나무의 수(개)	1	2
부피(cm³)	1	2

➜ 세로가 **2**배가 되면 부피도 **2**배가 됩니다.

 가 나

직육면체	가	나
쌓기나무의 수(개)	1	2
부피(cm³)	1	2

➜ 높이가 **2**배가 되면 부피도 ❷ ☐ 배가 됩니다.

정답 확인 | ❶ 12 ❷ 2

예제 문제 ①

☐ 안에 알맞게 써넣으세요.

한 모서리의 길이가 1 cm인 정육면체의 부피를 1 ☐ 라 쓰고,

1 ☐ 라고 읽습니다.

예제 문제 ②

부피가 1 cm³인 쌓기나무로 쌓은 오른쪽 직육면체의 부피를 구하려고 합니다. ☐ 안에 알맞은 수를 써넣으세요.

쌓기나무는 한 층에 8개씩 ☐ 층이므로

☐ 개가 되어 직육면체의 부피는

☐ cm³입니다.

[1~2] 다음 물건 중에서 부피가 1 cm^3와 가장 비슷한 물건을 찾아 쓰세요.

1

필통 리모컨 각설탕

( )

2

책가방 주사위 냉장고

( )

[3~4] 부피가 1 cm^3인 쌓기나무로 직육면체를 만들었습니다. 표를 완성하고 □ 안에 알맞은 수를 써넣으세요.

3
가   나

직육면체	가	나
쌓기나무의 수(개)		
부피(cm^3)		

➡ 직육면체의 세로가 2배가 되면 직육면체의 부피도 □배가 됩니다.

4
가   나

직육면체	가	나
쌓기나무의 수(개)		
부피(cm^3)		

➡ 직육면체의 가로와 높이가 각각 2배가 되면 직육면체의 부피는 □배가 됩니다.

[5~6] 부피가 1 cm^3인 쌓기나무로 직육면체를 만들었습니다.
쌓기나무의 수를 세어 직육면체의 부피를 구하려고 합니다. □ 안에 알맞은 수를 써넣으세요.

5

쌓기나무의 수: □개
직육면체의 부피: □ cm^3

6
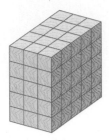

쌓기나무의 수: □개
직육면체의 부피: □ cm^3

[7~8] 부피가 1 cm^3인 쌓기나무로 직육면체를 만들었습니다. 직육면체의 부피를 구하세요.

7

( ) cm^3

8
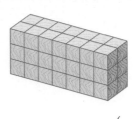

( ) cm^3

① 직육면체의 부피 비교하기

1 직육면체 모양의 상자 가와 나에 크기가 같은 나무토막을 담아 두 상자의 부피를 비교하려고 합니다. 물음에 답하세요.

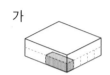 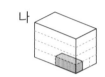

(1) 가와 나에 담을 수 있는 나무토막은 각각 **몇 개**인가요?

꼭 단위까지 따라 쓰세요.

가 (개   )
나 (개   )

(2) 가와 나 중에서 부피가 더 큰 상자는 어느 것인가요?

(   )

2 크기가 같은 쌓기나무를 직육면체 모양으로 쌓았습니다. 부피가 더 큰 직육면체의 기호를 쓰세요.

(   )

반복문제
3 크기가 같은 쌓기나무를 직육면체 모양으로 쌓았습니다. 부피가 더 작은 직육면체의 기호를 쓰세요.

 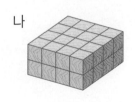

(   )

4 직접 맞대었을 때 부피를 비교할 수 있는 상자끼리 짝 지은 것에 ○표 하세요.

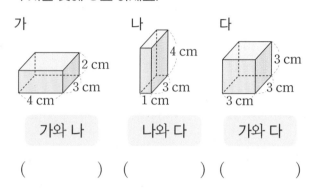

가와 나	나와 다	가와 다

(   ) (   ) (   )

5 세 직육면체의 부피를 구하려고 합니다. 부피가 큰 직육면체부터 차례로 기호를 쓰세요.

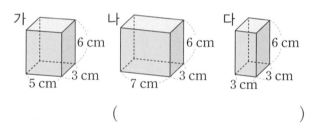

(   )

6 두 상자 가와 나에 한 모서리의 길이가 1 cm인 쌓기나무를 몇 개 담을 수 있는지 알아보고 부피를 비교하려고 합니다. ☐ 안에 알맞은 수나 말을 써넣으세요.

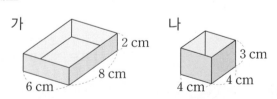

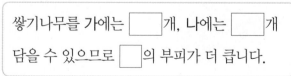

쌓기나무를 가에는 ☐ 개, 나에는 ☐ 개 담을 수 있으므로 ☐의 부피가 더 큽니다.

2 직육면체의 부피 구하기 (1)

7 정육면체의 부피를 쓰고 읽어 보세요.

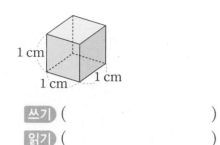

1 cm
1 cm   1 cm

쓰기 ( )

읽기 ( )

[8~9] 한 모서리의 길이가 1 cm인 쌓기나무로 직육면체를 만들었습니다. 쌓기나무의 수를 세어 직육면체의 부피를 구하세요.

8

쌓기나무의 수: ☐ 개

직육면체의 부피: ☐ cm³

9

쌓기나무의 수: ☐ 개

직육면체의 부피: ☐ cm³

10 부피가 1 cm³인 쌓기나무로 직육면체를 만들었습니다. 직육면체의 부피는 몇 **cm³**인가요?

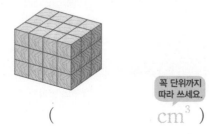

꼭 단위까지 따라 쓰세요.

(cm³)

11 부피가 1 cm³인 쌓기나무로 직육면체를 만들었습니다. 나의 부피는 가의 부피의 **몇 배**인지 알아보려고 합니다. 물음에 답하세요.

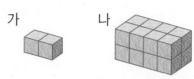
가   나

(1) 나의 가로, 세로, 높이는 가의 가로, 세로, 높이의 각각 몇 배인지 구하세요.

가로 (배)

세로 (배)

높이 (배)

(2) 나의 부피는 가의 부피의 몇 배인가요?

(배)

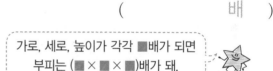
가로, 세로, 높이가 각각 ■배가 되면 부피는 (■×■×■)배가 돼.

12 부피가 1 cm³인 쌓기나무로 직육면체를 만들었습니다. 나는 가보다 부피가 **몇 cm³** 더 큰지 구하려고 합니다. 물음에 답하세요.

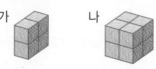
가   나

(1) 가에 쌓은 쌓기나무는 몇 개인가요?

(개)

(2) 나에 쌓은 쌓기나무는 몇 개인가요?

(개)

(3) 나는 가보다 부피가 몇 cm³ 더 큰지 구하세요.

(cm³)

3 직육면체의 부피 구하기 (2)

▶ 개념동영상 6-③

🧊 직육면체의 부피 구하기

1. 부피가 1 cm³인 쌓기나무를 사용하여 직육면체의 부피 구하기

 가 나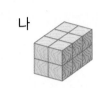

직육면체	가로(cm)	세로(cm)	높이(cm)	부피(cm³)
가	3	2	1	6 → 3×2×1
나	2	3	2	12 → 2×3×2

> 가로, 세로, 높이에 있는 쌓기나무의 수를 곱해서 부피를 구할 수 있어.

2. 직육면체의 부피를 구하는 방법

  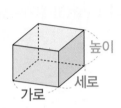

$$(\text{직육면체의 부피}) = (\text{가로}) \times (\text{세로}) \times (\text{높이})$$
$$= (\text{밑면의 넓이}) \times (\text{높이})$$

예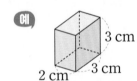

$$(\text{직육면체의 부피}) = 2 \times 3 \times \boxed{❶} = \boxed{❷} \ (\text{cm}^3)$$

가로 세로 높이

정답 확인 | ❶ 3 ❷ 18

예제 문제 1

부피가 1 cm³인 쌓기나무를 사용하여 직육면체의 부피를 구하려고 합니다. ☐ 안에 알맞은 수를 써넣으세요.

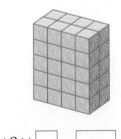

$$4 \times 2 \times \boxed{} = \boxed{} \ (\text{cm}^3)$$

예제 문제 2

직육면체의 부피를 구하려고 합니다. ☐ 안에 알맞은 수를 써넣으세요.

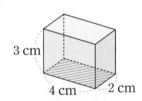

3 cm 4 cm 2 cm

$$(\text{빗금 친 면의 넓이}) = 4 \times \boxed{} = \boxed{} \ (\text{cm}^2)$$

$$\rightarrow (\text{직육면체의 부피}) = 4 \times \boxed{} \times 3$$

빗금 친 면의 넓이 ――――――⌐ ⌐―높이

$$= \boxed{} \ (\text{cm}^3)$$

[1~2] 부피가 $1\ cm^3$인 쌓기나무로 직육면체를 만들었습니다. 직육면체의 부피를 구하세요.

1

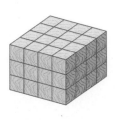

(   ) cm^3

2

(   ) cm^3

[3~4] 직육면체의 부피를 구하려고 합니다. ☐ 안에 알맞은 수를 써넣으세요.

3

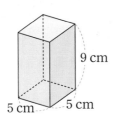

9 cm

5 cm   5 cm

(직육면체의 부피)＝(가로)×(세로)×(높이)

     ＝ ☐ × ☐ × ☐

     ＝ ☐ (cm^3)

4

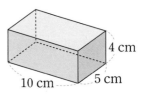

4 cm

10 cm   5 cm

(직육면체의 부피)＝(가로)×(세로)×(높이)

     ＝ ☐ × ☐ × ☐

     ＝ ☐ (cm^3)

[5~8] 직육면체의 부피는 몇 cm^3인지 구하세요.

5

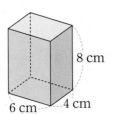

8 cm

6 cm   4 cm

(   ) cm^3

6

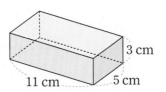

3 cm

11 cm   5 cm

(   ) cm^3

7

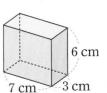

6 cm

7 cm   3 cm

(   ) cm^3

8

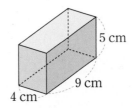

5 cm

4 cm   9 cm

(   ) cm^3

정육면체의 부피 구하기

1. 부피가 1 cm³인 쌓기나무를 사용하여 정육면체의 부피 구하기

가   나

  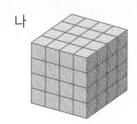

직육면체의 부피를 구하는 방법으로 정육면체의 부피를 구해 봐.

정육면체는 모서리의 길이가 모두 같아.

정육면체	가로(cm)	세로(cm)	높이(cm)	부피(cm³)
가	2	2	2	8 → 2×2×2
나	4	4	4	64 → 4×4×4

2. 정육면체의 부피를 구하는 방법

 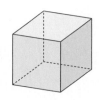

정육면체는 모서리의 길이가 모두 같으므로 가로, 세로, 높이가 모두 같아.

(정육면체의 부피)=(가로)×(세로)×(높이)
    =(한 모서리의 길이)×(한 모서리의 길이)×(한 모서리의 길이)

예

(정육면체의 부피)=2×2×❶ ☐ =❷ ☐ (cm³)

정답 확인 | ❶ 2   ❷ 8

138

직육면체의 부피와 겉넓이

6

예제 문제 ①

부피가 1 cm³인 쌓기나무를 사용하여 정육면체의 부피를 구하려고 합니다. ☐ 안에 알맞은 수를 써넣으세요.

(정육면체의 부피)= ☐ × ☐ × ☐
    = ☐ (cm³)

예제 문제 ②

정육면체의 부피를 구하려고 합니다. ☐ 안에 알맞은 수를 써넣으세요.

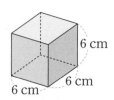

6 cm
6 cm
6 cm

(정육면체의 부피)=6× ☐ × ☐
    = ☐ (cm³)

1 부피가 1 cm³인 쌓기나무로 정육면체를 만들었습니다. 쌓기나무의 수를 곱셈식으로 나타내 부피를 구하세요.

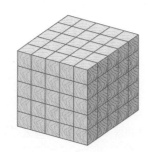

☐ × ☐ × ☐ = ☐ (개) ➡ ☐ cm³

[2~3] 정육면체의 부피를 구하려고 합니다. ☐ 안에 알맞은 수를 써넣으세요.

2

8 cm

(정육면체의 부피) = ☐ × ☐ × ☐
= ☐ (cm³)

3

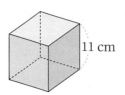

11 cm

(정육면체의 부피) = ☐ × ☐ × ☐
= ☐ (cm³)

[4~7] 정육면체의 부피는 몇 cm³인지 구하세요.

4

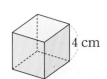

4 cm

( ) cm³

5

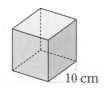

10 cm

( ) cm³

6

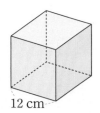

12 cm

( ) cm³

7

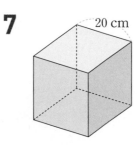

20 cm

( ) cm³

  개념 빠삭 ⑤ 1 m³ 알아보기

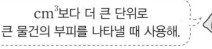 ▶ 개념동영상 6-⑤

① 1 m³ 알아보기

1 m³: 한 모서리의 길이가 **1 m**인 정육면체의 부피

 1 m, 1 m, 1 m

쓰기 1 m^3

읽기 **1** 세제곱미터

cm³보다 더 큰 단위로
큰 물건의 부피를 나타낼 때 사용해.

② 1 m³와 1 cm³의 관계 알아보기

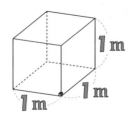 1 m, 1 m, 1 m

= 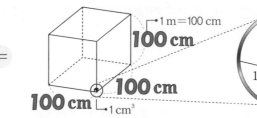 1 m=100 cm, 100 cm, 100 cm, 100 cm, 1 cm³

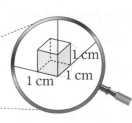 1 cm, 1 cm, 1 cm

$$1 \text{ m}^3 = 1000000 \text{ cm}^3$$

$$1 \text{ m}^3 = 1 \text{ m} \times 1 \text{ m} \times \boxed{①} \text{ m}$$
$$= 100 \text{ cm} \times 100 \text{ cm} \times \boxed{②} \text{ cm}$$
$$= 1000000 \text{ cm}^3$$

1 m³ 안에 1 cm³가 한 층에
10000개씩 100층 들어가.

140

정답 확인 | ❶ 1 ❷ 100

예제 문제 ①

직육면체의 부피를 구하려고 합니다. □ 안에 알맞은
수를 써넣으세요.

(1)
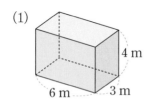 4 m, 6 m, 3 m

$6 \times \boxed{} \times \boxed{}$
$= \boxed{}$ (m³)

(2)
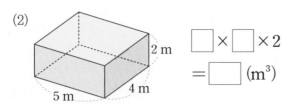 2 m, 5 m, 4 m

$\boxed{} \times \boxed{} \times 2$
$= \boxed{}$ (m³)

예제 문제 ②

정육면체의 부피를 구하려고 합니다. □ 안에 알맞은
수를 써넣으세요.

(1)
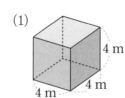 4 m, 4 m, 4 m

$4 \times \boxed{} \times \boxed{}$
$= \boxed{}$ (m³)

(2)
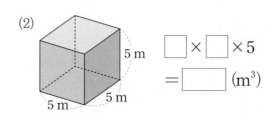 5 m, 5 m, 5 m

$\boxed{} \times \boxed{} \times 5$
$= \boxed{}$ (m³)

[1~3] cm³와 m³ 중 물건의 실제 부피를 나타내는 데 적절한 단위를 골라 ☐ 안에 써넣으세요.

1

☐

세탁기

2

☐

주사위

3

☐

옷장

[4~5] 직육면체의 부피는 몇 m³인지 구하세요.

4
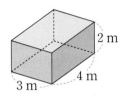
2 m
3 m   4 m

(   ) m³

5
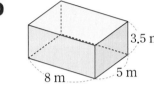
3.5 m
8 m   5 m

(   ) m³

[6~7] 정육면체의 부피는 몇 m³인지 구하세요.

6
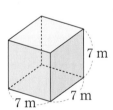
7 m
7 m   7 m

(   ) m³

7
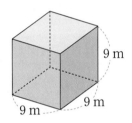
9 m
9 m   9 m

(   ) m³

8 두 직육면체를 보고 ☐ 안에 알맞은 수를 써넣으세요.

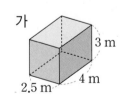
가
3 m
2.5 m   4 m

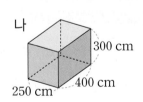
나
300 cm
250 cm   400 cm

(가의 부피)=2.5 × ☐ × ☐ = ☐ (m³)

(나의 부피)=250 × ☐ × ☐

= ☐ (cm³)

➡ 30 m³= ☐ cm³

[9~12] ☐ 안에 알맞은 수를 써넣으세요.

9 5 m³= ☐ cm³

10 1.9 m³= ☐ cm³

11 4000000 cm³= ☐ m³

12 3200000 cm³= ☐ m³

③ 직육면체의 부피 구하기 (2)

1 부피가 1 cm³인 쌓기나무를 사용하여 직육면체를 만들었습니다. 직육면체의 부피는 몇 cm³인가요?

꼭 단위까지 따라 쓰세요.

(cm³)

[2~3] 직육면체의 부피를 구하려고 합니다. □ 안에 알맞은 수를 써넣으세요.

2

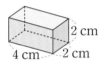

(직육면체의 부피)=4 × □ × □

= □ (cm³)

3

(직육면체의 부피)= □ × □ × □

= □ (cm³)

4 직육면체의 부피는 몇 cm³인가요?

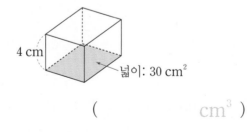

넓이: 30 cm²

(cm³)

5 다음 직육면체의 부피는 몇 cm³인지 구하세요.

가로가 6 cm, 세로가 5 cm, 높이가 3 cm인 직육면체

(cm³)

반복문제

6 서술형 첫 단계

가로가 7 cm, 세로가 4 cm, 높이가 2 cm인 직육면체 모양의 보석 상자가 있습니다. 보석 상자의 부피는 몇 cm³인가요?

식 _____

답 _____ cm³

7 전개도를 접어 만든 직육면체의 부피는 몇 cm³인가요?

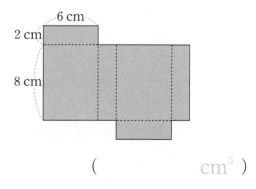

(cm³)

8 부피가 더 큰 직육면체를 찾아 기호를 쓰세요.

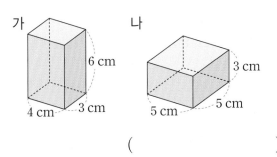

(   )

9 직육면체의 가로, 세로, 높이를 각각 2배 하여 새로 직육면체를 만들었습니다. 새로 만든 직육면체의 부피는 **몇 cm³**인가요?

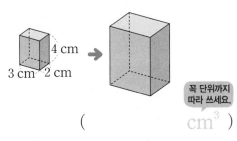

꼭 단위까지
따라 쓰세요.

(cm³)

10 직육면체 모양 선물 상자의 부피가 180 cm³일 때 □ 안에 알맞은 수를 구하세요.

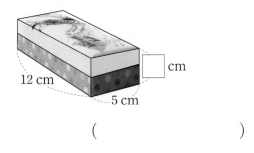

(   )

---

4 직육면체의 부피 구하기 ⑶

11 부피가 1 cm³인 쌓기나무를 사용하여 정육면체를 만들었습니다. 정육면체의 부피는 **몇 cm³**인가요?

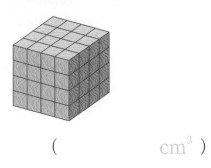

(cm³)

[12~13] 정육면체의 부피를 구하려고 합니다. □ 안에 알맞은 수를 써넣으세요.

12

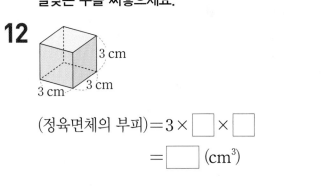

(정육면체의 부피)=3×□×□

=□ (cm³)

13

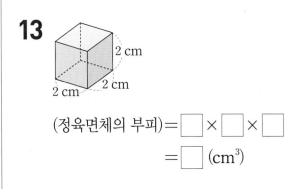

(정육면체의 부피)=□×□×□

=□ (cm³)

14 정육면체의 부피는 **몇 cm³**인가요?

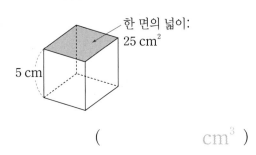

한 면의 넓이:
25 cm²

(cm³)

6

직육면체의 부피와 겉넓이

143

15 정육면체 모양의 큐브입니다. 큐브의 부피는 **몇 cm³** 인가요?

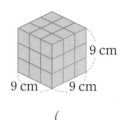

9 cm
9 cm   9 cm

꼭 단위까지 따라 쓰세요.

(cm³)

6

직육면체의 부피와 겉넓이

16 정육면체의 부피는 **몇 cm³**인가요?

> 한 모서리의 길이가 6 cm인 정육면체

(cm³)

17 전개도를 접어 만든 정육면체의 부피는 **몇 cm³**인 가요?

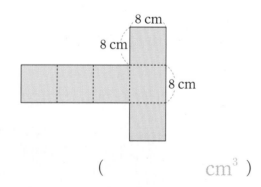

8 cm
8 cm
8 cm

(cm³)

18 한 모서리의 길이가 1 cm인 쌓기나무로 다음과 같은 모양을 만든 후 3층으로 쌓아 정육면체를 만들었습니다. 만든 정육면체의 부피는 **몇 cm³**인지 구하세요.

(cm³)

19 □ 안에 부피를 써넣고, 부피를 비교하여 ○ 안에 >, =, <를 알맞게 써넣으세요.

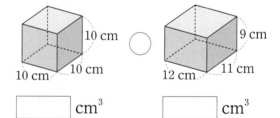

10 cm
10 cm   10 cm   ○   9 cm
12 cm   11 cm

[   ] cm³   [   ] cm³

20 부피가 더 작은 것의 기호를 쓰세요.

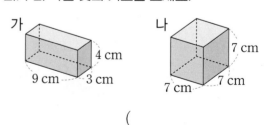

가
4 cm
9 cm   3 cm

나
7 cm
7 cm   7 cm

(   )

5 1 m³ 알아보기

21 직육면체의 부피를 구하려고 합니다. □ 안에 알맞은 수를 써넣으세요.

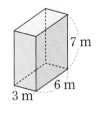

$$\boxed{} \times \boxed{} \times \boxed{} = \boxed{} \ (m^3)$$

22 정육면체의 부피는 **몇 m³**인가요?

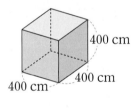

꼭 단위까지 따라 쓰세요.

(　　　　　m³　)

23 실제 부피에 가장 가까운 것을 찾아 이어 보세요.

전자레인지

· 　　0.05 m³

· 　　5 m³

교실

· 　　50 m³

24 □ 안에 알맞은 수를 써넣으세요.

(1) 8.05 m³ = □ cm³

(2) 9785000 cm³ = □ m³

25 부피를 비교하여 ○ 안에 >, =, <를 알맞게 써넣으세요.

63000000 cm³ ○ 63 m³

단위를 통일해 봐.

26 직육면체의 부피를 단위에 맞게 구하세요.

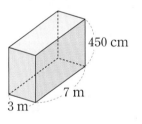

(　　　　　　　) cm³
(　　　　　　　) m³

6
직육면체의 부피와 겉넓이

145

27 냉장고와 옷장의 부피의 차는 **몇 cm³**인가요?

냉장고

옷장

1.45 m³　　　560000 cm³

(　　　　　cm³　)

▶ 개념동영상 6-⑥

🌱 **전개도를 이용하여 직육면체의 겉넓이 구하기**

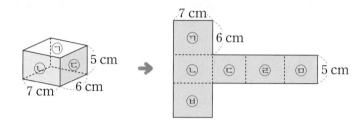

(방법 **1**)▶ **여섯 면의 넓이를 각각 구해 더하기**

$$㉠+㉡+㉢+㉣+㉤+㉥=\underset{㉠}{7\times6}+\underset{㉡}{7\times5}+\underset{㉢}{6\times5}+\underset{㉣}{7\times5}+\underset{㉤}{6\times5}+\underset{㉥}{7\times6}$$

$$=42+35+30+35+30+42=\boxed{❶}\ (cm^2)$$

┌ 합동인 면이 ㉠과 ㉥, ㉡과 ㉣,
  ㉢과 ㉤으로 3쌍입니다.

(방법 **2**)▶ **합동인 면이 3쌍이므로 세 면(㉠, ㉡, ㉢)의 넓이의 합을 구한 뒤 2배 하기**

$$(㉠+㉡+㉢)\times2=(\underset{㉠}{7\times6}+\underset{㉡}{7\times5}+\underset{㉢}{6\times5})\times2$$

$$=107\times2=214\ (cm^2)$$

> 한 꼭짓점에서 만나는 세 면의 넓이의 합을 2배 하면 돼.

(방법 **3**)▶ **옆면과 밑면으로 나누어 구하기**

$$\text{(한 밑면의 넓이)}\times\mathbf{2}+\text{(옆면의 넓이)}=\underset{\text{밑면}}{㉠\times2}+\underset{\text{옆면}}{(㉡, ㉢, ㉣, ㉤\text{의 넓이})}$$

$$=(7\times6)\times2+(7+6+7+6)\times5$$

$$=42\times2+26\times5=84+\boxed{❷}$$

$$=214\ (cm^2)$$

> ㉡, ㉢, ㉣, ㉤을 하나의 직사각형 으로 생각해.

정답 확인 | ❶ 214 ❷ 130

6

직육면체의 부피와 겉넓이

146

예제 문제 ①

합동인 면이 3쌍임을 이용하여 세 면의 넓이의 합을 2배 하여 직육면체의 겉넓이를 구하려고 합니다. ☐ 안에 알맞은 수를 써넣으세요.

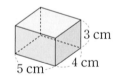

(직육면체의 겉넓이)

$$=(20+\boxed{}+12)\times2$$

$$=\boxed{}\ (cm^2)$$

예제 문제 ②

직육면체의 겉넓이를 구하려고 합니다. 빗금 친 면을 밑면으로 할 때 한 밑면의 넓이와 옆면의 넓이를 이용하여 구하세요.

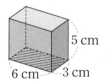

(직육면체의 겉넓이)

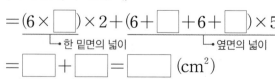

$$=(6\times\boxed{})\times2+(6+\boxed{}+6+\boxed{})\times5$$

└ 한 밑면의 넓이   └ 옆면의 넓이

$$=\boxed{}+\boxed{}=\boxed{}\ (cm^2)$$

[1~2] 직육면체의 겉넓이를 구하려고 합니다. □ 안에 알맞은 수를 써넣으세요.

1

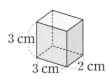

(직육면체의 겉넓이)

$= (3 \times 2 + 3 \times \boxed{} + 2 \times \boxed{}) \times 2$

$= \boxed{} \times 2 = \boxed{}$ (cm²)

2

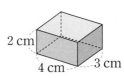

(직육면체의 겉넓이)

$= (4 \times \boxed{} + \boxed{} \times 2 + 3 \times \boxed{}) \times 2$

$= \boxed{} \times 2 = \boxed{}$ (cm²)

[3~6] 직육면체의 겉넓이는 몇 cm²인지 구하세요.

3

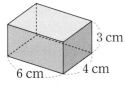

(   ) cm²

4

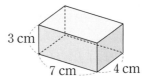

(   ) cm²

5

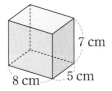

(   ) cm²

6

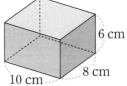

(   ) cm²

[7~8] 직육면체의 겉넓이를 구하려고 합니다. 색칠한 면을 밑면으로 할 때 빈칸에 알맞은 수를 써넣으세요.

7

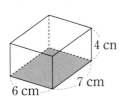

한 밑면의 넓이(cm²)	
옆면의 넓이(cm²)	
겉넓이(cm²)	

8

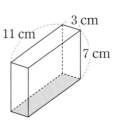

한 밑면의 넓이(cm²)	
옆면의 넓이(cm²)	
겉넓이(cm²)	

 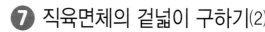

🪴 전개도를 이용하여 정육면체의 겉넓이 구하기

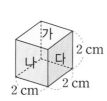 →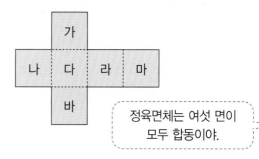

정육면체는 여섯 면이 모두 합동이야.

방법 1 여섯 면의 넓이를 각각 구해 더하기

가+나+다+라+마+바=2×2+2×2+2×2+2×2+2×2+2×2

$$= 4+4+4+4+4+4 = \boxed{❶} \ (cm^2)$$

방법 2 한 면의 넓이를 6배 하여 구하기

(한 면의 넓이)×6=(한 모서리의 길이)×(한 모서리의 길이)×6

$$= 2×2× \boxed{❷} = 24 \ (cm^2)$$

(정육면체의 겉넓이)＝(한 모서리의 길이)×(한 모서리의 길이)×6

정답 확인 | ❶ 24 ❷ 6

예제 문제 1

정육면체의 겉넓이를 구하려고 합니다. ☐ 안에 알맞은 수를 써넣으세요.

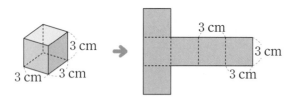

(1) (정육면체의 겉넓이)

= (여섯 면의 넓이의 합)

= ☐ + ☐ + ☐ + ☐ + ☐ + ☐

= ☐ (cm^2)

(2) (정육면체의 겉넓이)

= (한 모서리의 길이)×(한 모서리의 길이)
×6

= ☐ × ☐ × 6 = ☐ (cm^2)

예제 문제 2

정육면체의 겉넓이를 구하려고 합니다. ☐ 안에 알맞은 수를 써넣으세요.

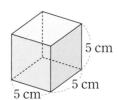

(1) (한 면의 넓이) = ☐ × ☐

= ☐ (cm^2)

(2) (정육면체의 겉넓이)

= (한 면의 넓이)×6

= ☐ × 6

= ☐ (cm^2)

[1~2] 정육면체의 겉넓이를 구하려고 합니다. ☐ 안에 알맞은 수를 써넣으세요.

1

(정육면체의 겉넓이)=(한 면의 넓이)×6
$$= \boxed{} \times \boxed{} \times 6$$
$$= \boxed{} (cm^2)$$

2

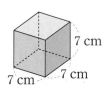

(정육면체의 겉넓이)=(한 면의 넓이)×6
$$= \boxed{} \times \boxed{} \times 6$$
$$= \boxed{} (cm^2)$$

[3~4] 전개도를 이용하여 정육면체의 겉넓이를 구하려고 합니다. ☐ 안에 알맞은 수를 써넣으세요.

3

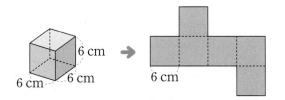

(정육면체의 겉넓이)$= \boxed{} \times \boxed{} \times 6$
→ 한 면의 넓이
$$= \boxed{} (cm^2)$$

4

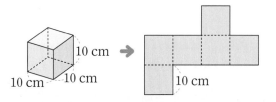

(정육면체의 겉넓이)$= \boxed{} \times \boxed{} \times 6$
→ 한 면의 넓이
$$= \boxed{} (cm^2)$$

[5~8] 정육면체의 겉넓이는 몇 cm^2인지 구하세요.

5

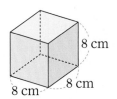

(   ) cm^2

6

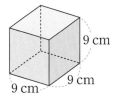

(   ) cm^2

7

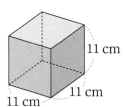

(   ) cm^2

8

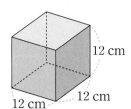

(   ) cm^2

6 직육면체의 겉넓이 구하기⑴

1 직육면체의 겉넓이를 구하려고 합니다. 물음에 답하세요.

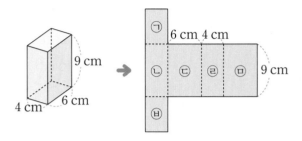

(1) 표를 완성하고 직육면체의 겉넓이를 여섯 면의 넓이의 합으로 구하세요.

면	㉠	㉡	㉢	㉣	㉤	㉥
넓이(cm²)	24					

(직육면체의 겉넓이)
= 24 + ☐ + ☐ + ☐ + ☐ + ☐
= ☐ (cm²)

(2) 합동인 면이 3쌍임을 이용하여 세 면의 넓이의 합을 2배 하여 직육면체의 겉넓이를 구하세요.

(직육면체의 겉넓이)
= (☐ + ☐ + ☐) × 2
= ☐ (cm²)

2 세 면의 넓이를 각각 2배 하여 직육면체의 겉넓이를 구하세요.

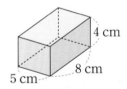

(직육면체의 겉넓이)
= 40 × 2 + ☐ × 2 + ☐ × 2
= ☐ (cm²)

3 직육면체의 겉넓이를 구하려고 합니다. ☐ 안에 알맞은 수를 써넣으세요.

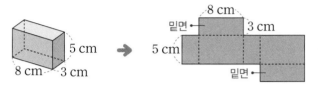

(직육면체의 겉넓이)
= (8 × ☐) × 2 + (3 + 8 + 3 + ☐) × 5

한 밑면의 넓이 → ☐
옆면의 넓이 →
= ☐ (cm²)

4 직육면체의 겉넓이는 몇 cm²인가요?

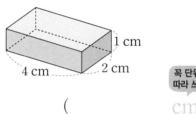

꼭 단위까지 따라 쓰세요.

(cm²)

반복문제
5 직육면체의 겉넓이는 몇 cm²인가요?

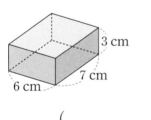

(cm²)

6 직육면체의 한 꼭짓점에서 만나는 세 면의 넓이가 다음과 같을 때 직육면체의 겉넓이는 몇 cm²인지 구하세요.

6 cm²	15 cm²	10 cm²

(cm²)

7 직육면체 모양의 장난감 상자의 겉넓이를 구하려고 합니다. 바닥에 닿는 면을 밑면으로 할 때 빈칸에 알맞은 수를 써넣으세요.

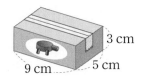

한 밑면의 넓이(cm^2)	
옆면의 넓이(cm^2)	
겉넓이(cm^2)	

8 전개도를 접어 만든 직육면체의 겉넓이는 **몇 cm^2** 인가요?

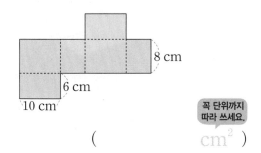

꼭 단위까지 따라 쓰세요.

(cm^2)

9 색칠한 면이 밑면이고 넓이가 21 cm^{2}일 때 직육면체의 겉넓이는 **몇 cm^2**인지 구하려고 합니다. 물음에 답하세요.

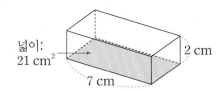

넓이: 21 cm^2

(1) 밑면의 가로가 7 cm일 때 세로는 몇 cm인가요?

(cm)

(2) 옆면의 넓이는 몇 cm^{2}인가요?

(cm^2)

(3) 겉넓이는 몇 cm^{2}인가요?

(cm^2)

10 가로가 5 cm, 세로가 8 cm, 높이가 10 cm인 직육면체의 겉넓이는 **몇 cm^2**인가요?

(cm^2)

11 가와 나 직육면체의 겉넓이의 차는 **몇 cm^2**인지 구하세요.

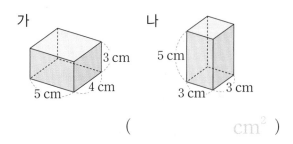

(cm^2)

12 전개도를 접어서 직육면체를 만들었습니다. 만든 직육면체의 겉넓이가 88 cm^{2}일 때 물음에 답하세요.

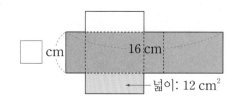

16 cm

넓이: 12 cm^2

(1) 분홍색 면의 넓이는 몇 cm^{2}인가요?
└▸옆면

(cm^2)

(2) ☐ 안에 알맞은 수를 구하세요.

(   )

7 직육면체의 겉넓이 구하기 (2)

13 정육면체 모양의 조각으로 만든 퍼즐입니다. 퍼즐 한 조각의 겉넓이를 구하려고 합니다. ☐ 안에 알맞은 수를 써넣으세요.

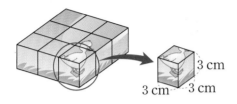

(여섯 면의 넓이의 합)

= ☐ + ☐ + ☐ + ☐ + ☐ + ☐

= ☐ (cm²)

14 정육면체의 한 면의 넓이가 다음과 같을 때 겉넓이는 몇 cm²인가요?

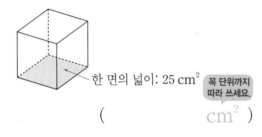

한 면의 넓이: 25 cm²   꼭 단위까지 따라 쓰세요.

(cm²)

15 정육면체의 겉넓이는 몇 cm²인가요?

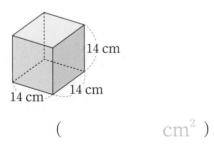

14 cm

14 cm   14 cm

(cm²)

16 한 면의 모양이 다음과 같은 정육면체의 겉넓이는 몇 cm²인가요?

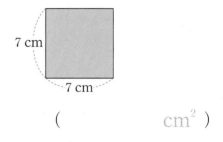

7 cm

7 cm

(cm²)

17 다음은 정육면체 모양의 선물 상자입니다. 선물 상자의 겉넓이는 몇 cm²인가요?

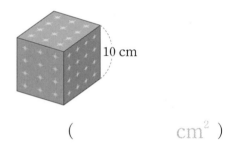

10 cm

(cm²)

18 서술형 첫 단계
한 모서리의 길이가 12 cm인 정육면체의 겉넓이는 몇 cm²인지 구하세요.

식 _____

답 _____ cm²

19 반복문제 **1** 서술형 첫 단계
서아가 만든 정육면체의 겉넓이는 몇 cm²인지 구하세요.

한 모서리의 길이가 9 cm인 정육면체를 만들었어.

서아

식 _____

답 _____ cm²

20 전개도를 접어서 정육면체 모양의 상자를 만들었습니다. 만든 상자의 겉넓이는 **몇 cm²**인가요?

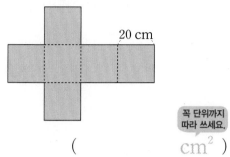

20 cm

꼭 단위까지 따라 쓰세요.

(cm²)

21 전개도를 접어 만든 정육면체의 겉넓이는 **몇 cm²**인가요?

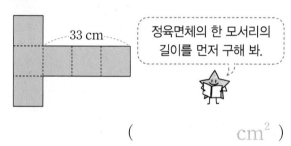

33 cm

정육면체의 한 모서리의 길이를 먼저 구해 봐.

(cm²)

22 정육면체의 겉넓이는 216 cm²입니다. □ 안에 알맞은 수를 써넣으세요.

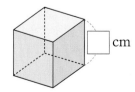

cm

23 모눈종이로 만든 정육면체의 전개도를 그리고, 겉넓이는 **몇 cm²**인지 구하세요.

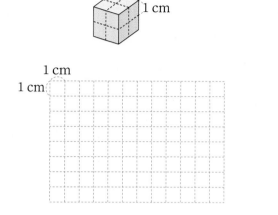

1 cm 1 cm
1 cm

1 cm
1 cm

(cm²)

24 정육면체에서 색칠한 면의 둘레가 16 cm입니다. 이 정육면체의 겉넓이는 **몇 cm²**인가요?

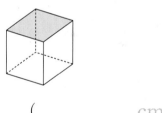

(cm²)

25 직육면체와 정육면체의 겉넓이의 합은 **몇 cm²**인지 구하세요.

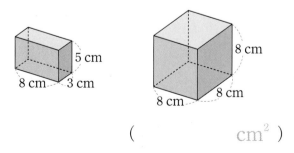

5 cm
8 cm 3 cm

8 cm
8 cm
8 cm

(cm²)

TEST 6단원 평가

점수

1 정육면체의 부피를 구하려고 합니다. □ 안에 알맞은 수를 써넣으세요.

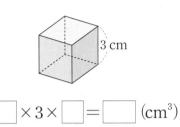

3 cm

$$\boxed{} \times 3 \times \boxed{} = \boxed{} \ (\text{cm}^3)$$

6

직육면체의 부피와 겉넓이

154

2 부피가 1 cm³인 쌓기나무로 직육면체를 만들었습니다. 쌓기나무의 수를 세어 직육면체의 부피를 구하세요.

쌓기나무의 수: □ 개

직육면체의 부피: □ cm³

3 직육면체의 겉넓이를 구하려고 합니다. □ 안에 알맞은 수를 써넣으세요.

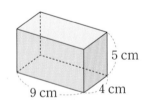

5 cm

9 cm   4 cm

(직육면체의 겉넓이)

$$= (9 \times 4 + \boxed{} \times 5 + 4 \times \boxed{}) \times 2$$

$$= (\boxed{} + \boxed{} + \boxed{}) \times 2$$

$$= \boxed{} \ (\text{cm}^2)$$

4 실제 부피를 m³로 나타내기에 적절한 물건을 모두 찾아 쓰세요.

| 책장 공깃돌 세탁기 각설탕 |

( )

5 □ 안에 알맞은 수를 써넣으세요.

(1) 7 m³ = □ cm³

(2) 68000000 cm³ = □ m³

6 직육면체의 부피는 몇 cm³인가요?

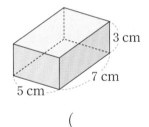

3 cm

7 cm

5 cm

( )

7 정육면체의 겉넓이는 몇 cm²인가요?

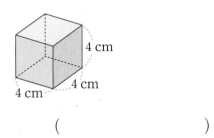

4 cm

4 cm   4 cm

( )

8 크기가 같은 쌓기나무를 사용하여 직육면체를 만들었습니다. 가와 나 중 부피가 더 큰 직육면체를 찾아 기호를 쓰세요.

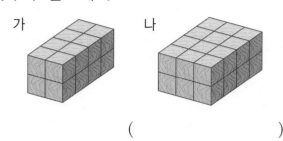

가   나

(   )

9 한 모서리의 길이가 8 cm인 정육면체의 부피는 몇 cm^{3}인가요?

(   )

10 단위 사이의 관계를 **잘못** 나타낸 것은 어느 것인가요? ································· (   )

① 3 m^3＝3000000 cm^3
② 2.7 m^3＝2700000 cm^3
③ 5000000 cm^3＝5 m^3
④ 86000000 cm^3＝86 m^3
⑤ 45100000 cm^3＝4.51 m^3

11 직육면체의 부피가 504 cm^{3}일 때 색칠한 면의 넓이를 구하여 □ 안에 알맞은 수를 써넣으세요.

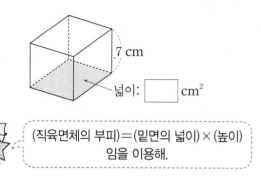

7 cm

넓이: □ cm^2

(직육면체의 부피)＝(밑면의 넓이)×(높이) 임을 이용해.

12 직육면체의 부피는 몇 m^{3}인가요?

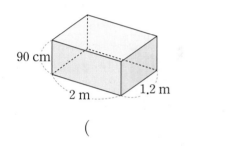

90 cm

2 m   1.2 m

(   )

13 전개도를 접어 만든 직육면체의 겉넓이는 몇 cm^{2}인가요?

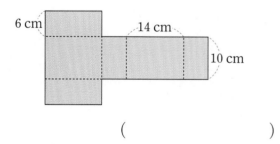

6 cm   14 cm   10 cm

(   )

14 효진이네 집에 있는 서랍장과 에어컨의 부피의 차는 몇 m^{3}인지 구하세요.

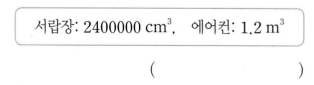

서랍장: 2400000 cm^3,   에어컨: 1.2 m^3

(   )

6

직육면체의 부피와 겉넓이

155

15 직육면체의 부피는 882 cm³입니다. ☐ 안에 알맞은 수를 써넣으세요.

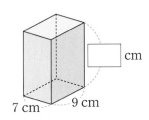

16 직육면체 모양의 물건들 중 부피가 가장 큰 것을 찾아 기호를 쓰세요.

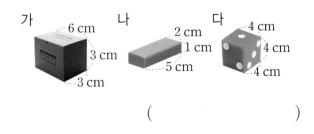

( )

17 직육면체의 겉넓이가 더 넓은 것의 기호를 쓰세요.

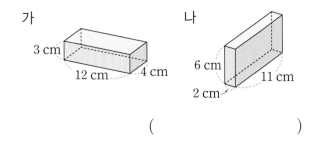

( )

18 직육면체 모양의 나무를 똑같이 2조각으로 잘랐습니다. 자른 나무 2조각의 겉넓이의 합은 처음 나무의 겉넓이보다 몇 cm² 늘어나는지 구하세요.

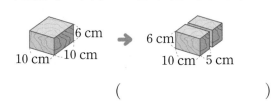

( )

19 직육면체 가와 정육면체 나의 겉넓이가 같습니다. 정육면체 나의 한 모서리의 길이는 몇 cm인가요?

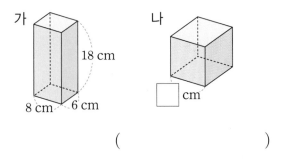

( )

20 겉넓이가 486 cm²인 정육면체가 있습니다. 이 정육면체의 부피는 몇 cm³인가요?

( )

20. (정육면체의 겉넓이)=(한 면의 넓이)×6 ➡ (한 면의 넓이)=(정육면체의 겉넓이)÷6
(한 면의 넓이)=(한 모서리의 길이)×(한 모서리의 길이)

예 겉넓이가 54 cm²인 정육면체의 한 면의 넓이 구하기
➡ (한 면의 넓이)=54÷6=9 (cm²)

배움으로 행복한 내일을 꿈꾸는
천재교육 커뮤니티 안내 . . .

 교재 안내부터 구매까지 한 번에!
천재교육 홈페이지

자사가 발행하는 참고서, 교과서에 대한 소개는 물론
도서 구매도 할 수 있습니다. 회원에게 지급되는 별을 모아
다양한 상품 응모에도 도전해 보세요!

 다양한 교육 꿀팁에 깜짝 이벤트는 덤!
천재교육 인스타그램

천재교육의 새롭고 중요한 소식을 가장 먼저 접하고 싶다면?
천재교육 인스타그램 팔로우가 필수!
깜짝 이벤트도 수시로 진행되니 놓치지 마세요!

 수업이 편리해지는
천재교육 ACA 사이트

오직 선생님만을 위한, 천재교육 모든 교재에 대한 정보가 담긴
아카 사이트에서는 다양한 수업자료 및 부가 자료는 물론
시험 출제에 필요한 문제도 다운로드하실 수 있습니다.

https://aca.chunjae.co.kr

 천재교육을 사랑하는 샘들의 모임
천사샘

학원 강사, 공부방 선생님이시라면 누구나 가입할 수 있는 천사샘!
교재 개발 및 평가를 통해 교재 검토진으로 참여할 수 있는 기회는 물론
다양한 교사용 교재 증정 이벤트가 선생님을 기다립니다.

 아이와 함께 성장하는 학부모들의 모임공간
튠맘 학습연구소

튠맘 학습연구소는 초·중등 학부모를 대상으로 다양한 이벤트와 함께
교재 리뷰 및 학습 정보를 제공하는 네이버 카페입니다.
초등학생, 중학생 자녀를 둔 학부모님이라면 튠맘 학습연구소로 오세요!

#차원이_다른_클라쓰
#강의전문교재
#초등교재

수학교재

● 수학리더 시리즈
- 수학리더 [연산]   예비초~6학년 / A·B단계
- 수학리더 [개념]   1~6학년 / 학기별
- 수학리더 [기본]   1~6학년 / 학기별
- 수학리더 [유형]   1~6학년 / 학기별
- 수학리더 [기본＋응용]   1~6학년 / 학기별
- 수학리더 [응용·심화]   1~6학년 / 학기별
- 수학리더 [최상위]   3~6학년 / 학기별

● 독해가 힘이다 시리즈 *문제해결력
- 수학도 독해가 힘이다   1~6학년 / 학기별
- 초등 문해력 독해가 힘이다 문장제 수학편   1~6학년 / 단계별

● 수학의 힘 시리즈
- 수학의 힘   1~2학년 / 학기별
- 수학의 힘 알파[실력]   3~6학년 / 학기별
- 수학의 힘 베타[유형]   3~6학년 / 학기별

● Go! 매쓰 시리즈
- Go! 매쓰(Start) *교과서 개념   1~6학년 / 학기별
- Go! 매쓰(Run A/B/C) *교과서+사고력 1~6학년 / 학기별
- Go! 매쓰(Jump) *유형 사고력   1~6학년 / 학기별

● 계산박사   1~12단계

● 수학 더 익힘   1~6학년 / 학기별

월간교재

● NEW 해법수학   1~6학년

● 해법수학 단원평가 마스터   1~6학년 / 학기별

● 월간 무등생평가   1~6학년

전과목교재

● 리더 시리즈
- 국어   1~6학년 / 학기별
- 사회   3~6학년 / 학기별
- 과학   3~6학년 / 학기별

수학리더 개념

보충
문제집

천재교육

BOOK2

6-1

리더가 되기 위한
공부 비법

연산 → 문장제 학습
연산·기초 드릴
+ 문장 읽고 식 세우기

성취도 평가
단원별 실력 체크

천재교육

보충 문제집 포인트 ③가지

▶ 문장으로 이어지는 연산 학습

▶ 기초력 집중 연습을 통해 기초를 튼튼하게

▶ 성취도 평가 문제를 풀면서 실력 체크

◑ (자연수)÷(자연수)의 몫을 분수로 나타내기

[1~4] 나눗셈을 그림으로 나타내고, 몫을 분수로 나타내 보세요.

1

$1 \div 4 = \dfrac{\square}{\square}$

2

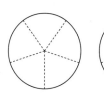

$3 \div 5 = \dfrac{\square}{\square}$

3

$5 \div 6 = \dfrac{\square}{\square}$

4

$7 \div 3 = \dfrac{\square}{3} = \square\dfrac{\square}{3}$

분수의 나눗셈

1

[5~7] 나눗셈의 몫을 분수로 나타내 보세요.

5 $7 \div 8$

6 $8 \div 5$

7 $9 \div 7$

연산 → 문장제

설탕 $7\,\text{kg}$을 8개의 병에 똑같이 나누어 담으려고 합니다.
병 한 개에 설탕을 몇 kg씩 담아야 하는지 분수로 나타내 보세요.

$\square \div \square = \dfrac{\square}{\square}$

식 _____   답 _____

◉ (진분수) ÷ (자연수)

[1~6] □ 안에 알맞은 수를 써넣으세요.

1 $\dfrac{8}{9} \div 4 = \dfrac{\boxed{} \div 4}{9} = \dfrac{\boxed{}}{9}$

2 $\dfrac{6}{11} \div 2 = \dfrac{6 \div \boxed{}}{11} = \dfrac{\boxed{}}{\boxed{}}$

3 $\dfrac{10}{13} \div 5 = \dfrac{\overset{2}{10}}{\boxed{}} \times \dfrac{\boxed{}}{\underset{1}{5}} = \dfrac{\boxed{}}{\boxed{}}$

4 $\dfrac{7}{10} \div 3 = \dfrac{\boxed{}}{10} \times \dfrac{1}{\boxed{}} = \dfrac{\boxed{}}{\boxed{}}$

5 $\dfrac{3}{7} \div 4 = \dfrac{\boxed{}}{28} \div 4 = \dfrac{\boxed{} \div 4}{28} = \dfrac{\boxed{}}{28}$

6 $\dfrac{5}{14} \div 6 = \dfrac{\boxed{}}{84} \div 6 = \dfrac{\boxed{} \div 6}{84} = \dfrac{\boxed{}}{84}$

[7~10] 계산해 보세요.

7 $\dfrac{7}{8} \div 2$

8 $\dfrac{9}{10} \div 3$

9 $\dfrac{5}{12} \div 4$

10 $\dfrac{15}{17} \div 5$

연산 → 문장제

넓이가 $\dfrac{5}{12}$ m²인 직사각형을 똑같이 4칸으로 나누어 그중 한 칸에 색칠했습니다.

색칠한 부분의 넓이는 몇 m²인가요?

$\boxed{} \div \boxed{} = \boxed{}$

식 _____ 답 _____

◑ (가분수)÷(자연수)

[1~15] 계산해 보세요.

1 $\dfrac{8}{3} \div 5$

2 $\dfrac{9}{4} \div 3$

3 $\dfrac{7}{5} \div 6$

4 $\dfrac{7}{6} \div 3$

5 $\dfrac{10}{7} \div 2$

6 $\dfrac{14}{9} \div 4$

7 $\dfrac{11}{4} \div 7$

8 $\dfrac{9}{8} \div 6$

9 $\dfrac{7}{3} \div 2$

10 $\dfrac{13}{9} \div 2$

11 $\dfrac{14}{3} \div 7$

12 $\dfrac{19}{2} \div 5$

13 $\dfrac{13}{10} \div 3$

14 $\dfrac{15}{8} \div 5$

15 $\dfrac{24}{5} \div 8$

연산 → 문장제

우유 $\dfrac{13}{10}$ L를 3명이 똑같이 나누어 마시려고 합니다.
한 명이 몇 L씩 마시면 되나요?

식 _____   답 _____

◉ (대분수)÷(자연수)

[1~4] ☐ 안에 알맞은 수를 써넣으세요.

1 $1\dfrac{1}{5} \div 2 = \dfrac{\boxed{}}{5} \div 2 = \dfrac{\boxed{} \div 2}{5} = \dfrac{\boxed{}}{\boxed{}}$

2 $3\dfrac{1}{3} \div 5 = \dfrac{\boxed{}}{3} \div 5 = \dfrac{\boxed{} \div 5}{3} = \dfrac{\boxed{}}{\boxed{}}$

3 $2\dfrac{3}{4} \div 4 = \dfrac{\boxed{}}{4} \div 4 = \dfrac{\boxed{}}{4} \times \dfrac{1}{\boxed{}} = \dfrac{\boxed{}}{\boxed{}}$

4 $4\dfrac{5}{6} \div 9 = \dfrac{\boxed{}}{6} \div 9 = \dfrac{\boxed{}}{6} \times \dfrac{1}{\boxed{}} = \dfrac{\boxed{}}{\boxed{}}$

[5~10] 계산해 보세요.

5 $1\dfrac{3}{7} \div 5$

6 $2\dfrac{2}{3} \div 4$

7 $2\dfrac{5}{8} \div 7$

8 $3\dfrac{2}{5} \div 6$

9 $4\dfrac{1}{2} \div 3$

10 $5\dfrac{5}{6} \div 8$

◈ 연산 → 문장제

자몽청을 만드는 데 설탕 $4\dfrac{1}{2}$컵을 넣고, 레몬청을 만드는 데 설탕 3컵을 넣었습니다.

자몽청을 만드는 데 넣은 설탕의 양은 레몬청을 만드는 데 넣은 설탕의 양의 몇 배인지 기약분수로 나타내 보세요.

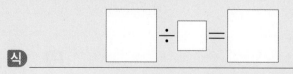

식 _____   답 _____

1 길이가 1 m인 리본을 똑같이 5도막으로 잘랐습니다. 자른 한 도막의 길이는 몇 m인지 분수로 나타내 보세요.

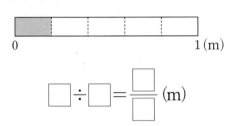

$$\square \div \square = \dfrac{\square}{\square} \ (m)$$

2 나눗셈을 곱셈으로 나타내 보세요.

$$\dfrac{4}{7} \div 9$$

(   )

3 나눗셈의 몫을 분수로 바르게 나타낸 것의 기호를 쓰세요.

㉠ $5 \div 7 = \dfrac{7}{5}$ ㉡ $9 \div 13 = \dfrac{9}{13}$

(   )

4 빈칸에 알맞은 기약분수를 써넣으세요.

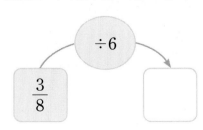

5 분수를 자연수로 나눈 몫을 빈칸에 써넣으세요.

6 서로 관계있는 것끼리 이어 보세요.

$11 \div 4$		$8 \div 11$

$\dfrac{4}{11}$ $\dfrac{8}{11}$ $\dfrac{11}{8}$ $\dfrac{11}{4}$

7 작은 수를 큰 수로 나눈 몫을 구하세요.

$\dfrac{7}{3}$ 4

(   )

8 크기를 비교하여 ◯ 안에 >, =, <를 알맞게 써넣으세요.

$$11 \div 12 \ \bigcirc \ \dfrac{5}{6}$$

9 수지가 $2\frac{1}{3} \div 12$를 계산한 것입니다. 잘못 계산한 곳을 찾아 바르게 계산해 보세요.

$$2\frac{1}{3} \div 12 = 2\frac{1}{3} \times \frac{1}{\overset{6}{\cancel{12}}} = 1\frac{1}{18}$$

$2\frac{1}{3} \div 12$ _____

10 계산 결과가 나머지와 다른 하나를 찾아 기호를 쓰세요.

㉠ $5\frac{3}{4} \div 7$ ㉡ $\frac{23}{4} \times \frac{1}{7}$

㉢ $\frac{23 \times 7}{4}$ ㉣ $5\frac{3}{4} \times \frac{1}{7}$

( )

1 서술형 **첫 단계**

11 똑같은 공책 8권의 무게를 재었더니 $\frac{11}{5}$ kg이었습니다. 공책 한 권의 무게는 몇 kg인가요?

식 _____

답 _____

12 ♥는 ★의 몇 배인지 기약분수로 나타내 보세요.

$$♥ = 3\frac{3}{7} \qquad ★ = 4$$

( )

13 빈칸에 알맞은 기약분수를 써넣으세요.

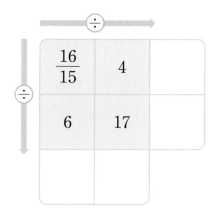

14 ☐ 안에 들어갈 수 있는 자연수를 모두 쓰세요.

$$\frac{\square}{10} < 1\frac{2}{5} \div 2$$

( )

15 나눗셈의 몫이 $\frac{1}{2}$보다 작은 것을 찾아 기호를 쓰세요.

㉠ $\frac{21}{8} \div 3$ ㉡ $\frac{12}{5} \div 3$

㉢ $\frac{20}{9} \div 5$ ㉣ $\frac{27}{4} \div 9$

( )

● 각기둥(1), (2)

[1~2] 각기둥이면 ○표, 아니면 ×표 하세요.

1

 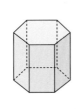 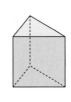

(   )   (   )   (   )

2

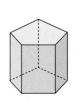

(   )   (   )   (   )

[3~5] 각기둥의 이름을 쓰세요.

3

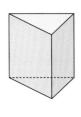

(   )

4

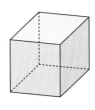

(   )

5

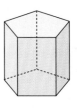

(   )

[6~9] 각기둥을 보고 표를 완성해 보세요.

6

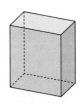

면의 수(개)	
모서리의 수(개)	
꼭짓점의 수(개)	

7

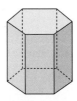

면의 수(개)	
모서리의 수(개)	
꼭짓점의 수(개)	

8

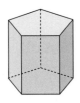

면의 수(개)	
모서리의 수(개)	
꼭짓점의 수(개)	

9

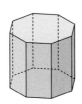

면의 수(개)	
모서리의 수(개)	
꼭짓점의 수(개)	

각기둥의 전개도 알아보기 / 그리기

1 삼각기둥의 전개도를 모두 찾아 기호를 쓰세요.

가   나   다

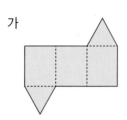 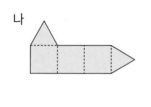 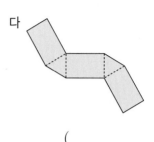

(   )

2 오각기둥의 전개도를 모두 찾아 기호를 쓰세요.

가   나   다

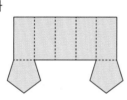 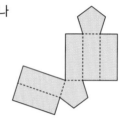 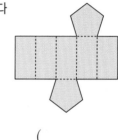

(   )

[3~5] 전개도를 접으면 어떤 입체도형이 되는지 쓰세요.

3   **4**   **5**

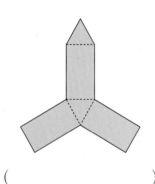 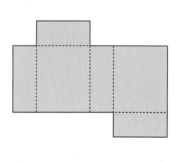 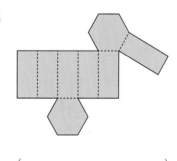

(   )   (   )   (   )

6 사각기둥의 전개도를 완성해 보세요.

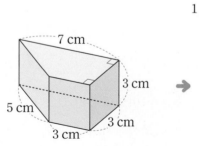 ➡ 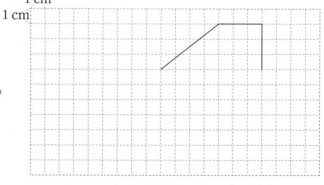

● 각뿔(1)

[1~2] 각뿔이면 ○표, 아니면 ×표 하세요.

1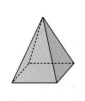

(   ) (   ) (   )

2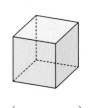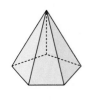

(   ) (   ) (   )

[3~8] 각뿔의 밑면에 색칠해 보세요.

3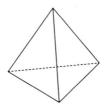

4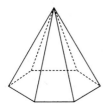

5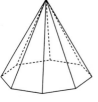

6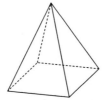

7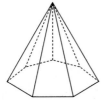

8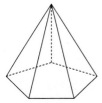

[9~10] 각뿔을 보고 옆면을 모두 찾아 쓰세요.

9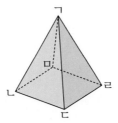

┌ 면 ㄱㄴㄷ
├ 면 [   ]
├ 면 [   ]
└ 면 [   ]

10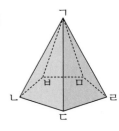

┌ 면 ㄱㄴㄷ
├ 면 [   ]
├ 면 [   ]
├ 면 [   ]
└ 면 [   ]

2

각기둥과 각뿔

9

● 각뿔(2)

[1~3] 각뿔의 이름을 쓰세요.

1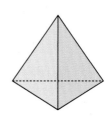

(   )

2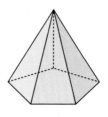

(   )

3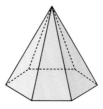

(   )

[4~6] 각뿔의 겨냥도에서 모서리는 보라색, 꼭짓점은 초록색으로 표시해 보세요.

4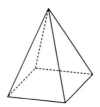

5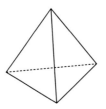

6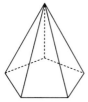

[7~10] 각뿔을 보고 표를 완성해 보세요.

7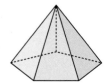

면의 수(개)	
모서리의 수(개)	
꼭짓점의 수(개)	

8

면의 수(개)	
모서리의 수(개)	
꼭짓점의 수(개)	

9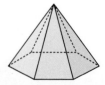

면의 수(개)	
모서리의 수(개)	
꼭짓점의 수(개)	

10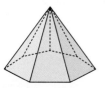

면의 수(개)	
모서리의 수(개)	
꼭짓점의 수(개)	

1 오른쪽 각뿔을 보고 밑면의 모양과 각뿔의 이름을 각각 쓰세요.

밑면의 모양 (   )

각뿔의 이름 (   )

2 각기둥의 높이는 몇 cm인가요?

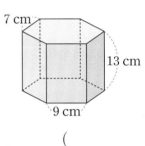

(   )

3 다음은 어떤 입체도형의 전개도인가요?

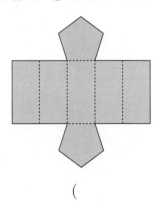

(   )

4 오른쪽 각기둥을 보고 빈칸에 알맞은 수를 써넣으세요.

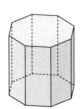

한 밑면의 변의 수(개)	면의 수(개)	모서리의 수(개)	꼭짓점의 수(개)

5 각뿔의 모서리는 모두 몇 개인가요?

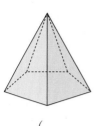

(   )

6 밑면과 옆면의 모양이 다음과 같은 입체도형의 이름을 쓰세요.

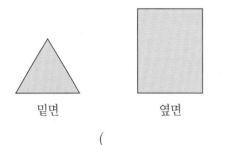

밑면   옆면

(   )

7 각기둥에 대해 바르게 설명한 것을 찾아 기호를 쓰세요.

> ㉠ 옆면은 2개입니다.
> ㉡ 밑면의 모양은 원입니다.
> ㉢ 밑면의 모양에 따라 이름이 정해집니다.
> ㉣ 밑면과 옆면은 서로 평행합니다.

(   )

1 서술형 첫 단계

8 다음 전개도로 삼각기둥을 만들 수 없습니다. 그 까닭을 쓰세요.

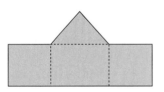

까닭 _____

_____

9 사각기둥의 전개도를 접었을 때 면 ㉮와 마주 보는 면을 찾아 쓰세요.

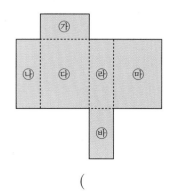

( )

10 옆면과 밑면이 모두 삼각형인 입체도형의 이름을 쓰세요.

( )

11 어떤 입체도형의 전개도를 그렸더니 옆면이 합동인 직사각형 7개였습니다. 이 입체도형의 밑면은 어떤 모양인가요?

( )

12 왼쪽 전개도를 점선을 따라 접어서 오른쪽 각기둥을 만들었습니다. ㉠, ㉡, ㉢에 알맞은 수를 각각 구하세요.

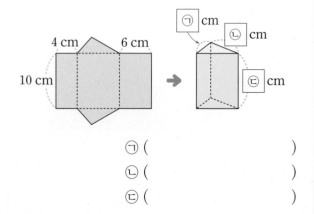

㉠ ( )

㉡ ( )

㉢ ( )

13 밑면의 모양이 다음과 같은 각뿔에서 꼭짓점은 모두 몇 개인가요?

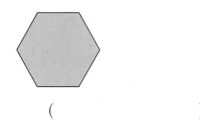

( )

14 오각기둥과 오각뿔의 같은 점을 모두 찾아 기호를 쓰세요.

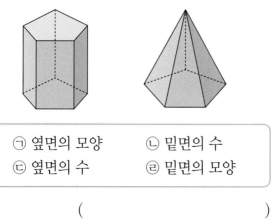

| ㉠ 옆면의 모양 | ㉡ 밑면의 수 |
| ㉢ 옆면의 수 | ㉣ 밑면의 모양 |

( )

15 각뿔을 눕혀 놓은 그림입니다. 각뿔의 면, 모서리, 꼭짓점의 수의 합은 몇 개인가요?

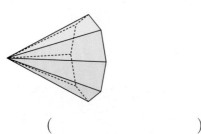

( )

3 단원 · 문장으로 이어지는 연산 학습

▶ 정답과 해설 **34**쪽

◉ (소수)÷(자연수)⑴ / (소수)÷(자연수)⑵

[1~2] 자연수의 나눗셈을 이용하여 □ 안에 알맞은 수를 써넣으세요.

1 $284 \div 2 = 142$

$28.4 \div 2 = $ □

$2.84 \div 2 = $ □

2 $663 \div 3 = 221$

$66.3 \div 3 = $ □

$6.63 \div 3 = $ □

[3~10] 계산해 보세요.

3

$5 \overline{)6.7\,5}$

4

$6 \overline{)1\,6.2}$

5

$8 \overline{)4\,3.1\,2}$

6

$7 \overline{)1\,6.8}$

7

$9 \overline{)3\,1.9\,5}$

8

$4 \overline{)6.4\,8}$

9 $21.24 \div 9$

10 $10.44 \div 3$

◈ 연산 → 문장제

사과 주스 21.24 L를 9병에 똑같이 나누어 담았습니다.
한 병에 담은 사과 주스는 몇 L인가요?

 식 □ ÷ □ = □

 답 _____

◐ (소수)÷(자연수)⑶ / (소수)÷(자연수)⑷

[1~6] 계산해 보세요.

1 4)1.4 8

2 6)3.3 6

3 9)2.5 2

4 8)9.2

5 5)1 1.7

6 6)2 5.5

[7~10] 계산해 보세요.

7 3.75÷5

8 6.58÷7

9 17.8÷5

10 31.4÷4

🔶 **연산 → 문장제**

모든 변의 길이의 합이 **17.8 cm**인 정오각형이 있습니다.
이 정오각형의 한 변의 길이는 몇 cm인가요?

 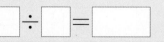 ÷ =   답 _____

▶ 정답과 해설 **34**쪽

● (소수)÷(자연수)⑸

[1~11] 계산해 보세요.

1

$$4\overline{)4.1\,2}$$

2

$$3\overline{)9.2\,7}$$

3

$$4\overline{)8.1\,6}$$

4

$$5\overline{)5.4}$$

5

$$2\overline{)1\,2.1\,4}$$

6

$$7\overline{)2\,1.4\,2}$$

7

$$6\overline{)1\,8.3}$$

8

$$3\overline{)2\,7.1\,2}$$

9

$$9\overline{)9.5\,4}$$

10 $40.72 \div 8$

11 $24.21 \div 3$

 연산 → 문장제

직사각형의 넓이가 40.72 cm²이고 가로가 8 cm입니다.
이 직사각형의 세로는 몇 cm인가요?

식 $\boxed{} \div \boxed{} = \boxed{}$ 답 _____

◐ (자연수)÷(자연수)

[1~11] 계산해 보세요.

1
$2\overline{)5}$

2
$5\overline{)1\ 7}$

3
$8\overline{)3\ 6}$

4
$5\overline{)3\ 3}$

5
$25\overline{)4}$

6
$6\overline{)4\ 5}$

7
$25\overline{)1\ 0}$

8
$12\overline{)4\ 2}$

9
$15\overline{)3\ 3}$

10 22÷20

11 41÷5

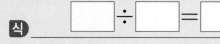

연산 → 문장제

가 접시의 지름은 22 cm이고, 나 접시의 지름은 20 cm입니다.
가 접시의 지름은 나 접시의 지름의 몇 배인가요?

식 ☐ ÷ ☐ = ☐   답 _____

1 보기와 같이 소수를 반올림하여 자연수로 나타내 어림해 보세요.

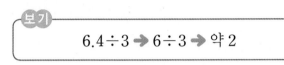

보기
$$6.4 \div 3 \to 6 \div 3 \to 약 2$$

$12.3 \div 4 \to \boxed{} \div \boxed{} \to 약 \boxed{}$

2 자연수의 나눗셈을 이용하여 계산하려고 합니다. □ 안에 알맞은 수를 써넣으세요.

$864 \div 6 = \boxed{} \to 8.64 \div 6 = \boxed{}$

3 빈칸에 알맞은 수를 써넣으세요.

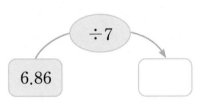

4 큰 수를 작은 수로 나눈 몫을 구하세요.

| 36 | 5 |

( )

5 잘못 계산한 곳을 찾아 바르게 계산해 보세요.

```
    2.9
4)8.3 6
    8
    3 6
    3 6
      0
```
→
```
4)8.3 6
```

6 계산 결과를 찾아 이어 보세요.

$35.3 \div 5$ ·

$54.3 \div 6$ ·

· 9.05

· 8.04

· 7.06

7 강낭콩 8 kg을 5천 원에 팔고 있습니다. 천 원으로 강낭콩 몇 kg을 살 수 있나요?

( )

8 빈 곳에 알맞은 수를 써넣으세요.

| 7 | $\div 2$ | | $\div 2$ |

3

소수의 나눗셈

17

1 서술형 첫 단계

9 정호는 자전거를 타고 3시간 동안 37.2 km를 달렸습니다. 정호가 일정한 빠르기로 달렸다면 한 시간 동안 달린 거리는 몇 km인가요?

식 _____

답 _____

10 몫의 크기를 비교하여 ○ 안에 >, =, <를 알맞게 써넣으세요.

$$6.9 \div 6 \bigcirc 4.38 \div 3$$

11 $5.74 \div 7$을 주어진 두 가지 방법으로 계산해 보세요.

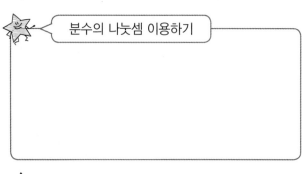

분수의 나눗셈 이용하기

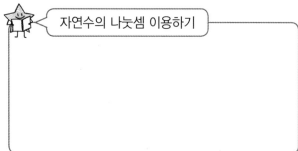

자연수의 나눗셈 이용하기

12 나눗셈의 몫이 1보다 작은 것을 모두 찾아 기호를 쓰세요.

㉠ $3.95 \div 5$	㉡ $4.41 \div 3$
㉢ $8.16 \div 6$	㉣ $7.68 \div 8$

( )

13 수 카드 3장 중에서 2장을 뽑아 한 번씩만 사용하여 몫이 가장 작은 (자연수)÷(자연수)를 만들고 몫을 구하세요.

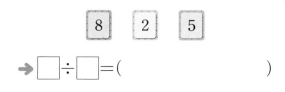

➡ □ ÷ □ = ( )

14 길이가 8.4 m인 길에 깃발 8개를 같은 간격으로 그림과 같이 꽂으려고 합니다. 깃발 사이의 간격을 몇 m로 해야 하나요? (단, 깃발의 굵기는 생각하지 않습니다.)

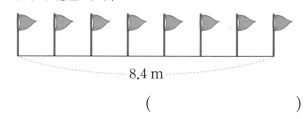

8.4 m

( )

15 넓이가 45.27 cm²이고 밑변이 9 cm인 삼각형입니다. 이 삼각형의 높이는 몇 cm인가요?

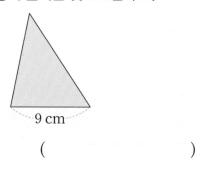

9 cm

( )

◉ 두 수를 비교하기 / 비 / 비율

[1~2] 두 수를 뺄셈과 나눗셈으로 비교하려고 합니다. □ 안에 알맞은 수를 써넣으세요.

1

뺄셈 야구공은 축구공보다 □개 더 많습니다.

나눗셈 야구공 수는 축구공 수의 □배입니다.

2

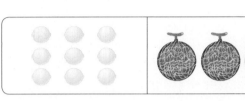

뺄셈 레몬은 멜론보다 □개 더 많습니다.

나눗셈 레몬 수는 멜론 수의 □배입니다.

[3~6] 비로 나타내 보세요.

3

> 9 대 2

(   )

4

> 21과 5의 비

(   )

5

> 15의 22에 대한 비

(   )

6

> 31에 대한 40의 비

(   )

[7~8] 비교하는 양과 기준량을 찾아 쓰세요.

7

> 8 : 7

비교하는 양 (   )
기준량 (   )

8

> 19의 10에 대한 비

비교하는 양 (   )
기준량 (   )

[9~10] 비율을 분수와 소수로 각각 나타내 보세요.

9

> 25에 대한 11의 비

분수 (   )
소수 (   )

10

> 26과 20의 비

분수 (   )
소수 (   )

◉ 비율이 사용되는 경우

[1~8] 비율을 구하여 빈칸에 알맞게 써넣으세요.

1

안타 수(개)	7
전체 타수(개)	28
전체 타수에 대한 안타 수의 비율	

2

간 거리(m)	120
걸린 시간(초)	16
걸린 시간에 대한 간 거리의 비율	

3

인구(명)	8850
넓이(km^2)	10
넓이에 대한 인구의 비율	

4

사탕의 가격(원)	1000
사탕 수(개)	8
사탕 수에 대한 가격의 비율	

5

직사각형의 가로(cm)	75
직사각형의 세로(cm)	25
직사각형의 세로에 대한 가로의 비율	

6

이긴 횟수(번)	9
전체 횟수(번)	17
전체 횟수에 대한 이긴 횟수의 비율	

7

소금 양(g)	70
소금물 양(g)	500
소금물 양에 대한 소금 양의 비율	

8

학생 수(명)	150
학급 수(반)	6
학급 수에 대한 학생 수의 비율	

기초 → 문장제

물에 소금 70 g을 녹여 소금물 500 g을 만들었습니다.
소금물 양에 대한 소금 양의 비율을 구하세요.

답 _____

● 백분율

[1~12] 비율을 백분율로 나타내 보세요.

1 0.6 ➡ ☐ %

2 0.24 ➡ ☐ %

3 0.55 ➡ ☐ %

4 0.7 ➡ ☐ %

5 0.8 ➡ ☐ %

6 0.03 ➡ ☐ %

7 $\dfrac{2}{5}$ ➡ ☐ %

8 $\dfrac{1}{2}$ ➡ ☐ %

9 $\dfrac{3}{4}$ ➡ ☐ %

10 $\dfrac{1}{20}$ ➡ ☐ %

11 $\dfrac{9}{25}$ ➡ ☐ %

12 $\dfrac{3}{10}$ ➡ ☐ %

[13~16] 그림을 보고 전체에 대한 색칠한 부분의 비율을 백분율로 나타내 보세요.

13
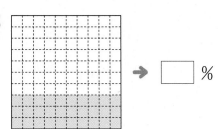 ➡ ☐ %

14
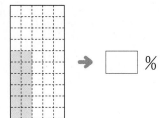 ➡ ☐ %

15
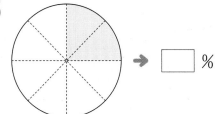 ➡ ☐ %

16
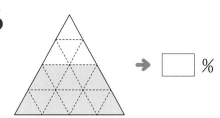 ➡ ☐ %

● 백분율이 사용되는 경우

[1~8] 빈칸에 알맞은 수를 써넣으세요.

1

참가 인원(명)	13
전체 인원(명)	20
참가율(%)	

2

득표 수(표)	270
전체 투표 수(표)	500
득표율(%)	

3

이자(원)	300
저금한 금액(원)	10000
이자율(%)	

4

이긴 경기 수(경기)	2
전체 경기 수(경기)	4
승률(%)	

5

출석 시간(시간)	18
전체 수업 시간(시간)	20
출석률(%)	

6

합격 인원(명)	6
응시 인원(명)	24
합격률(%)	

7

할인 금액(원)	2000
정가(원)	40000
할인율(%)	

8

불량품 수(개)	2
생산한 물건 수(개)	200
불량률(%)	

기초 → 문장제

정가가 40000원인 가방을 2000원 할인해서 팔았습니다.
할인율은 몇 %인가요?

답 _____

1 수박의 수와 딸기의 수를 뺄셈과 나눗셈으로 비교하려고 합니다. □ 안에 알맞은 수를 써넣으세요.

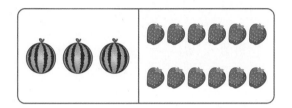

뺄셈 딸기는 수박보다 □개 더 많습니다.

나눗셈 딸기의 수는 수박의 수의 □배입니다.

2 비를 읽어 보세요.

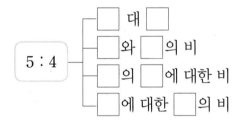

5 : 4

□ 대 □

□ 와 □ 의 비

□ 의 □ 에 대한 비

□ 에 대한 □ 의 비

3 비율을 소수로 나타내 보세요.

18 : 30

( )

4 비율을 백분율로 나타내 보세요.

$\frac{7}{20}$ → ( ) %

5 기준량이 비교하는 양보다 작은 비율에 ◯표 하세요.

$\frac{4}{3}$ 90 %

( )   ( )

6 바구니에 초콜릿 7개와 사탕 3개가 있습니다. 초콜릿 수의 사탕 수에 대한 비를 쓰세요.

( )

7 전체에 대한 색칠한 부분의 비가 2 : 5가 되도록 색칠해 보세요.

8 비율이 가장 큰 것을 찾아 기호를 쓰세요.

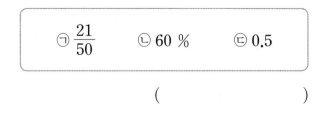

( )

9 관계있는 것끼리 이어 보세요.

36에 대한 27의 비		$\frac{2}{5}$		40 %
8과 20의 비		$\frac{1}{2}$		60 %
		$\frac{3}{4}$		75 %

10 버스가 2시간 동안 110 km를 이동했습니다. 버스가 이동하는 데 걸린 시간에 대한 이동한 거리의 비율을 구하세요.

( )

11 설탕 30 g을 녹여 설탕물 200 g을 만들었습니다. 설탕물 양에 대한 설탕 양의 비율은 몇 %인가요?

( )

12 유민이네 반 학생 28명 중 안경을 쓴 학생은 10명입니다. 반 학생 중 안경을 쓰지 않은 학생 수에 대한 안경을 쓴 학생 수의 비율을 분수로 나타내 보세요.

( )

13 종석이네 반 학생들이 받고 싶어 하는 선물을 조사하였습니다. 전체 학생 수에 대한 책을 받고 싶어 하는 학생 수의 비율을 백분율로 나타내 보세요.

선물	장난감	책	가방
학생 수(명)	4	10	11

( )

14 과일 가게에서 수박을 할인하여 팔고 있습니다. 할인된 수박 1개의 가격은 얼마인가요?

수박 1개
~~7000원~~
?

20 %
할인!

( )

15 혜지는 ㉠ 은행과 ㉡ 은행에 1년 동안 다음과 같이 저금하고 이자를 받았습니다. 이자율이 더 높은 은행은 어디인가요?

은행	저금한 금액(원)	이자(원)
㉠ 은행	60000	1800
㉡ 은행	40000	1600

( )

◉ 그림그래프로 나타내기

[1~4] 우리나라 권역별 우유 생산량을 반올림하여 만의 자리까지 나타낸 표입니다. 물음에 답하세요.

권역별 우유 생산량

권역	우유 생산량(t)	권역	우유 생산량(t)
서울 · 인천 · 경기	880000	강원	100000
대전 · 세종 · 충청	480000	대구 · 부산 · 울산 · 경상	310000
광주 · 전라	310000	제주	20000

(출처: KOSIS 국가통계포털 2020년)

1 표를 보고 그림그래프로 나타내 보세요.

2 위 **1**의 그래프를 보고 ●와 ◦은 각각 몇 t을 나타내는지 쓰세요.

● (   ) t, ◦ (   ) t

3 우유 생산량이 가장 많은 권역은 어디인지 쓰세요.

(   ) 권역

4 우유 생산량이 두 번째로 많은 권역은 어디인지 쓰세요.

(   ) 권역

◉ 띠그래프와 원그래프로 나타내기

[1~3] 수민이네 반 학생들이 좋아하는 분식을 조사했습니다. 물음에 답하세요.

좋아하는 분식

이름	분식	이름	분식	이름	분식	이름	분식
수민	떡볶이	윤아	김밥	소연	라면	여원	김밥
지훈	라면	재희	떡볶이	태준	순대	한빈	떡볶이
승희	김밥	민영	라면	보라	라면	시우	튀김
예은	순대	유빈	어묵	민석	떡볶이	지원	라면
성재	떡볶이	준기	라면	하늬	김밥	성현	라면

1 수집한 자료를 표로 나타내 보세요.

좋아하는 분식

분식	떡볶이	라면	김밥	순대	기타	합계
학생 수(명)	5					20
백분율(%)	25					100

2 위 **1**의 표를 보고 띠그래프로 나타내 보세요.

좋아하는 분식

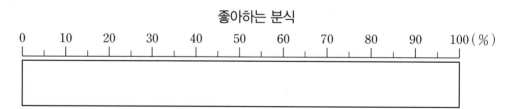

3 위 **1**의 표를 보고 원그래프로 나타내 보세요.

좋아하는 분식

▶ 정답과 해설 37쪽

◉ 그래프 해석하기

[1~3] 민우네 학교 학생들이 참여하는 방과 후 수업을 조사하여 나타낸 띠그래프입니다. 물음에 답하세요.

방과 후 수업

| 0 | 10 | 20 | 30 | 40 | 50 | 60 | 70 | 80 | 90 | 100 (%) |

| 영어 (30 %) | 로봇과학 (25 %) | 댄스 (20 %) | 미술 (15 %) | 기타 (10 %) |

1 방과 후 수업 중 25 % 이상의 비율을 차지한 것을 모두 찾아 쓰세요.

( )

2 영어 수업에 참여하는 학생 수는 미술 수업에 참여하는 학생 수의 몇 배인가요?

( )

3 기타에 속하는 학생이 20명이라면 댄스 수업에 참여하는 학생은 몇 명인가요?

( )

[4~6] 어느 빵집에서 하루 동안 팔린 빵을 조사하여 나타낸 원그래프입니다. 물음에 답하세요.

종류별 팔린 빵 수

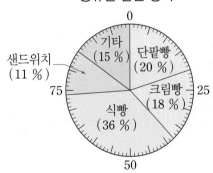

4 가장 많이 팔린 빵은 무엇인가요?

( )

5 팔린 식빵 수는 팔린 샌드위치 수의 약 몇 배인가요?

약 ( )

6 팔린 식빵이 36개라면 팔린 크림빵은 몇 개인가요?

( )

◑ 여러 가지 그래프를 비교하기

[1~4] 어느 아파트의 동별 자동차 수를 조사하여 나타낸 그림그래프입니다.

동별 자동차 수

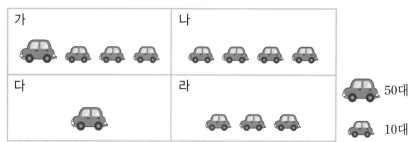

1 표를 완성해 보세요.

동별 자동차 수

동	가	나	다	라	합계
자동차 수(대)	80	40		30	200
백분율(%)	40				

2 위 **1**의 표를 보고 막대그래프로 나타내 보세요.

동별 자동차 수

3 위 **1**의 표를 보고 원그래프로 나타내 보세요.

동별 자동차 수

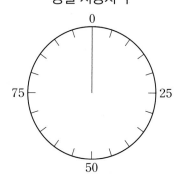

4 그림그래프, 막대그래프, 원그래프 중 ☐ 안에 알맞은 말을 써넣으세요.

동별 자동차 수의 비율을 비교하려면 [   ]로 나타내는 것이 좋습니다. 그 까닭은 전체 자동차 수에 대한 동별 자동차 수의 비율을 쉽게 비교할 수 있기 때문입니다.

[1~4] 은진이네 학교 6학년 학생들이 즐겨 보는 TV 프로그램을 조사하여 나타낸 표입니다. 물음에 답하세요.

즐겨 보는 TV 프로그램별 학생 수

프로그램	만화	예능	교육	기타	합계
학생 수(명)	140	120	80	60	400
백분율(%)					100

1 위의 표를 완성해 보세요.

2 띠그래프로 나타내 보세요.

즐겨 보는 TV 프로그램별 학생 수

0 10 20 30 40 50 60 70 80 90 100 (%)

3 가장 많은 학생들이 즐겨 보는 TV 프로그램을 쓰세요.

(   )

4 예능을 즐겨 보는 학생 수는 기타 프로그램을 즐겨 보는 학생 수의 몇 배인가요?

(   )

[5~8] 슬비네 학교 학생들이 가고 싶어 하는 산을 조사하여 나타낸 표입니다. 물음에 답하세요.

가고 싶어 하는 산별 학생 수

산	설악산	한라산	지리산	기타	합계
학생 수(명)	270	150	120	60	600
백분율(%)					100

5 위의 표를 완성해 보세요.

6 그림그래프로 나타내 보세요.

가고 싶어 하는 산별 학생 수

설악산	한라산
지리산	기타

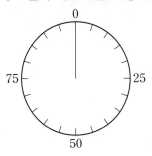 100명 ☺ 10명

7 원그래프로 나타내 보세요.

가고 싶어 하는 산별 학생 수

0
25
50
75

8 가장 많은 학생들이 가고 싶어 하는 산은 어느 산인가요?

(   )

[9~10] 학교에서 발생하는 안전사고에 대해 조사하여 나타낸 그래프입니다. 물음에 답하세요.

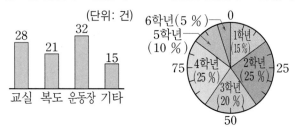

9 안전사고 발생 수가 가장 적은 학년은 몇 학년인가요?

( )

10 안전사고 발생 수가 가장 많은 장소는 어디인가요?

( )

11 민수네 반 학생들의 일주일 동안 독서 시간을 조사하여 나타낸 띠그래프입니다. 독서 시간이 2시간 이상 4시간 미만인 학생은 전체의 몇 %인가요?

독서 시간별 학생 수 (단위: 시간)

( )

12 꺾은선그래프로 나타내기에 가장 알맞은 것을 찾아 기호를 쓰세요.

> ㉠ 시간별 교실 습도의 변화
> ㉡ 두유 속에 들어 있는 영양소의 비율
> ㉢ 지수네 모둠의 윗몸일으키기 기록

( )

[13~14] 어느 마을의 재활용품별 배출량을 조사하여 나타낸 띠그래프입니다. 물음에 답하세요.

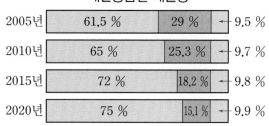

13 2020년 이 마을의 전체 재활용품 배출량이 900 kg일 때 2020년의 종이 배출량은 몇 kg인가요?

( )

📖 서술형

14 이 마을의 플라스틱 배출량의 비율은 어떻게 변하고 있나요?

_____

_____

15 민재네 학교에서 실시한 어린이 회장 선거의 후보자별 득표율을 나타낸 원그래프입니다. 나린이가 얻은 표가 120표일 때 전체 득표수는 몇 표인가요?

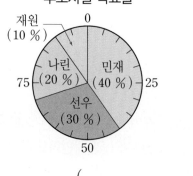

( )

◉ 직육면체의 부피 비교하기 / 1 cm³ / 쌓기나무의 수를 세어 부피 구하기

[1~2] 직육면체의 부피를 비교하여 더 큰 것의 기호를 쓰세요.

1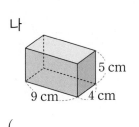

가 7 cm 9 cm 4 cm

나 5 cm 9 cm 4 cm

(   )

2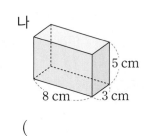

가 5 cm 7 cm 3 cm

나 5 cm 8 cm 3 cm

(   )

[3~4] 상자에 크기가 같은 나무토막을 담아 상자의 부피를 비교하려고 합니다. 부피가 더 작은 상자의 기호를 쓰세요.

3 가 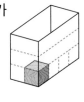 나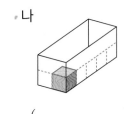

(   )

4 가 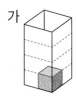 나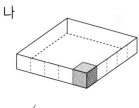

(   )

[5~7] 부피가 1 cm³인 쌓기나무로 직육면체를 만들었습니다. 직육면체의 부피를 구하세요.

5

(   )

6

(   )

7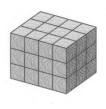

(   )

◈ 기초 → 문장제

부피가 1 cm³인 쌓기나무를 한 층에 15개씩 5층으로 쌓아 직육면체를 만들었습니다.
만든 직육면체의 부피는 몇 cm³인가요?

답 _____

● 직육면체의 부피 / 정육면체의 부피

[1~2] 직육면체와 정육면체의 부피를 구하려고 합니다. □ 안에 알맞은 수를 써넣으세요.

1

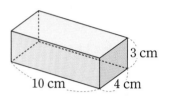

(직육면체의 부피)= □ × □ × □

= □ (cm³)

2

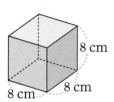

(정육면체의 부피)= □ × □ × □

= □ (cm³)

[3~8] 직육면체와 정육면체의 부피를 구하세요.

3

(   )

4

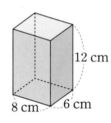

(   )

5

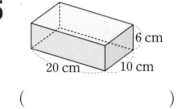

(   )

6

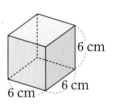

(   )

7

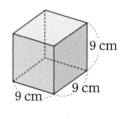

(   )

8

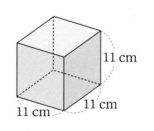

(   )

기초 → 문장제

가로가 5 cm, 세로가 10 cm, 높이가 8 cm인 직육면체의 부피는 몇 cm³인가요?

답 _____

◐ 1 m³

[1~8] □ 안에 알맞은 수를 써넣으세요.

1 2 m³= [   ] cm³

2 9 m³= [   ] cm³

3 4.7 m³= [   ] cm³

4 3.1 m³= [   ] cm³

5 3000000 cm³= [   ] m³

6 7000000 cm³= [   ] m³

7 8500000 cm³= [   ] m³

8 1600000 cm³= [   ] m³

[9~12] 직육면체의 부피를 주어진 단위에 맞게 구하세요.

9

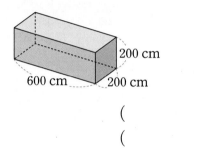

600 cm   200 cm   200 cm

(   ) cm³
(   ) m³

10

3 m   4 m   100 cm

(   ) cm³
(   ) m³

11

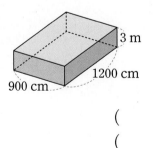

900 cm   1200 cm   3 m

(   ) cm³
(   ) m³

12

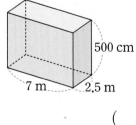

500 cm   7 m   2.5 m

(   ) cm³
(   ) m³

◈ **기초 → 문장제**

가로가 3 m, 세로가 8 m, 높이가 150 cm인 직육면체의 부피는 몇 m³인가요?

답 _____

◉ 직육면체의 겉넓이 / 정육면체의 겉넓이

[1~2] 직육면체와 정육면체의 겉넓이를 구하려고 합니다. ☐ 안에 알맞은 수를 써넣으세요.

1
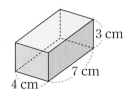

(직육면체의 겉넓이)

$= (28 + \boxed{} + \boxed{}) \times 2$

$= \boxed{} \times 2 = \boxed{} \ (\text{cm}^2)$

2
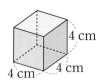

(정육면체의 겉넓이)

$= \boxed{} \times \boxed{} \times 6$

$= \boxed{} \ (\text{cm}^2)$

[3~8] 직육면체와 정육면체의 겉넓이를 구하세요.

3
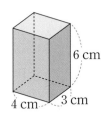

(   )

4
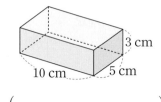

(   )

5
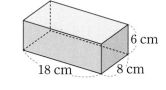

(   )

6
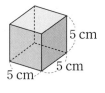

(   )

7
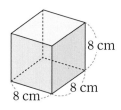

(   )

8
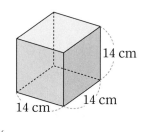

(   )

◈ 기초 → 문장제

가로가 **3 cm**, 세로가 **8 cm**, 높이가 **5 cm**인 직육면체의 겉넓이는 몇 cm²인가요?

답 _____

1 부피가 1 cm³인 쌓기나무로 만든 직육면체의 부피는 몇 cm³인가요?

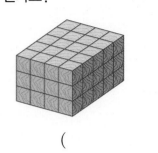

(   )

2 정육면체의 부피는 몇 cm³인가요?

7 cm

(   )

3 직육면체의 부피는 몇 cm³인가요?

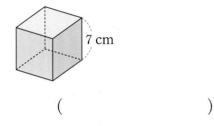

6 cm

12 cm   5 cm

(   )

4 ☐ 안에 알맞은 수를 써넣으세요.

(1) 6.4 m³ = ☐ cm³

(2) 85000000 cm³ = ☐ m³

5 크기가 같은 쌓기나무를 사용하여 직육면체를 만들었습니다. 부피가 더 큰 직육면체를 찾아 기호를 쓰세요.

가   나

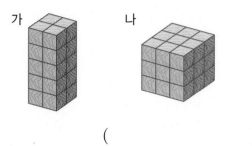

(   )

6 직육면체의 겉넓이는 몇 cm²인가요?

8 cm

12 cm   6 cm

(   )

7 전개도를 접어서 만들 수 있는 직육면체의 겉넓이는 몇 cm²인가요?

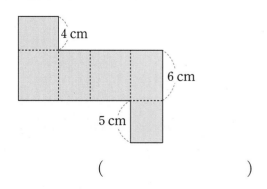

4 cm

6 cm

5 cm

(   )

8 부피를 비교하여 ○ 안에 >, =, <를 알맞게 써넣으세요.

$$8100000 \text{ cm}^3 \bigcirc 80 \text{ m}^3$$

9 부피가 더 작은 입체도형의 기호를 쓰세요.

㉠ 한 모서리의 길이가 6 cm인 정육면체
㉡ 한 밑면의 넓이가 80 cm²이고 높이가 4 cm인 직육면체

( )

10 직육면체의 부피를 주어진 단위에 맞게 구하세요.

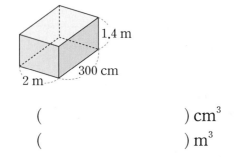

( ) cm³
( ) m³

11 직육면체의 부피가 672 cm³일 때 □ 안에 알맞은 수를 구하세요.

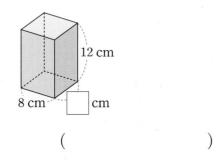

( )

12 정육면체의 부피는 몇 cm³인가요?

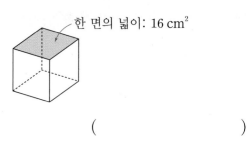

한 면의 넓이: 16 cm²

( )

13 한 면의 둘레가 36 cm인 정육면체 모양의 상자가 있습니다. 이 상자의 겉넓이는 몇 cm²인가요?

( )

14 두 직육면체 가와 나의 겉넓이의 차는 몇 cm²인가요?

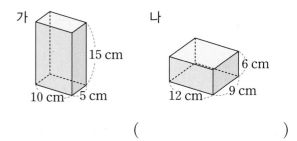

( )

15 전개도를 접어서 정육면체 모양의 상자를 만들었습니다. 만든 상자의 부피는 몇 cm³인가요?

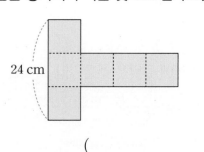

( )

빈틈없는
수준별 학습으로
빠져나갈 구멍 없이
완전봉쇄!

사고력

서술형

독해력

이제 긴 문제도
어렵지 않아요!

기본기와 서술형을 한 번에, 확실하게
수학 자신감은 덤으로!

수학리더 시리즈 (초1~6 / 학기용)

[연산]
(*예비초~초6/총14단계)

[개념]

[기본]

[유형]

[기본＋응용]

[응용·심화]

[최상위]
(*초3~6)

book.chunjae.co.kr

교재 내용 문의 ·················· 교재 홈페이지 ▶ 초등 ▶ 교재상담
교재 내용 외 문의 ·················· 교재 홈페이지 ▶ 고객센터 ▶ 1:1문의
발간 후 발견되는 오류 ············ 교재 홈페이지 ▶ 초등 ▶ 학습지원 ▶ 학습자료실

수학의 자신감을 키워 주는 **초등 수학 교재**

난이도 한눈에 보기!

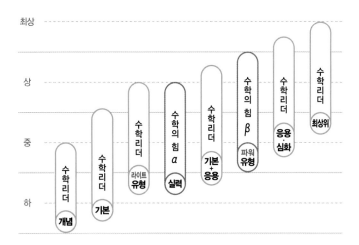

● **수학리더 연산** 〔계산 연습〕
  연산 드릴과 문장 읽고 식 세우기 연습이 필요할 때

● **수학리더 유형** 〔라이트 유형서〕
  응용·심화 단계로 가기 전
  다양한 유형 문제로 실력을 탄탄히 다지고 싶을 때

● **수학리더 기본+응용** 〔실력서〕
  기본 단계를 끝낸 후
  기본부터 응용까지 한 권으로 끝내고 싶을 때

● **수학리더 최상위** 〔고난도〕
  응용·심화 단계를 끝낸 후
  고난도 문제로 최상위권으로 도약하고 싶을 때

차세대 리더

시험 대비교재

●올백 전과목 단원평가	1~6학년/학기별 (1학기는 2~6학년)
●HME 수학 학력평가	1~6학년/상·하반기용
●HME 국어 학력평가	1~6학년

논술·한자교재

●YES 논술	1~6학년/총 24권
●천재 NEW 한자능력검정시험 자격증 한번에 따기	8~5급(총 7권)/4급~3급(총 2권)

영어교재

●READ ME	
– Yellow 1~3	2~4학년(총 3권)
– Red 1~3	4~6학년(총 3권)
●Listening Pop	Level 1~3
●Grammar, ZAP!	
– 입문	1, 2단계
– 기본	1~4단계
– 심화	1~4단계
●Grammar Tab	총 2권
●Let's Go to the English World!	
– Conversation	1~5단계, 단계별 3권
– Phonics	총 4권

예비중 대비교재

●천재 신입생 시리즈	수학/영어
●천재 반편성 배치고사 기출 & 모의고사	

言 行 一 致

말씀 다닐 하나 이를

언 행 일 치

'언행일치'는 '말과 행동이 같아야 한다'는 뜻을 가진 단어에요.
이것은 곧 말한 대로 지키는 것이
중요하다는 걸 의미하기도 해요.
오늘부터 부모님, 선생님, 친구와의 약속과
내가 세운 공부 계획부터 꼭 지켜보는 건 어떨까요?

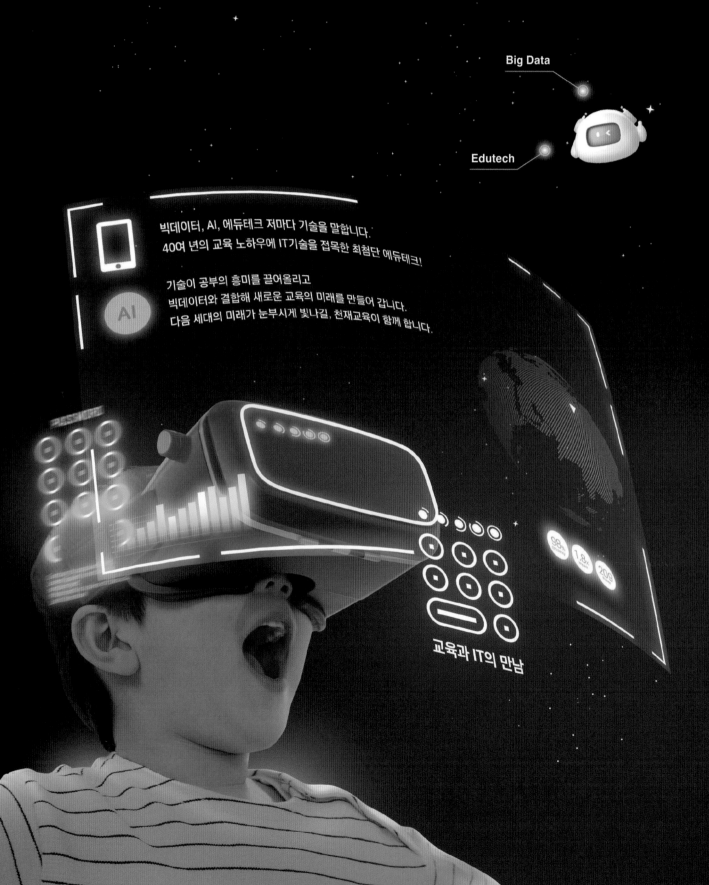

교육과 IT가 만나
새로운 미래를 만들어갑니다

Big Data

Edutech

빅데이터, AI, 에듀테크 저마다 기술을 말합니다.
40여 년의 교육 노하우에 IT기술을 접목한 최첨단 에듀테크!

기술이 공부의 흥미를 끌어올리고
빅데이터와 결합해 새로운 교육의 미래를 만들어 갑니다.
다음 세대의 미래가 눈부시게 빛나길, 천재교육이 함께 합니다.

교육과 IT의 만남

수학리더 개념

해법첫단추

천재교육

BOOK 3

6-1

리더가 되기 위한
공부 비법

BOOK 1
개념 기본서
개념 + 연산 드릴을
한 권에!

BOOK 2
보충 문제집
연산 → 문장제 학습
+ 성취도 평가

천재교육

해법전략

포인트 3가지

▶ 혼자서도 이해할 수 있는 친절한 문제 풀이

▶ 참고, 주의 등 자세한 풀이 제시

▶ 다른 풀이를 제시하여 다양한 방법으로 문제 풀이 가능

1 분수의 나눗셈

예제 문제 **1** (1) $\frac{1}{5}$ (2) $\frac{1}{4}$

2 (1) $\frac{1}{2}$ (2) $\frac{1}{11}$　　**3** $\frac{2}{7}$　　**4** 4, $\frac{4}{9}$

개념 집중 연습

1 예 / $\frac{1}{6}$

0　　　　　　　　　　1

2 예 / $\frac{3}{4}$

3 $\frac{1}{8}$, 5 / $\frac{5}{8}$　　　**4** $\frac{1}{10}$, 7 / $\frac{7}{10}$

5 $\frac{1}{7}$　　**6** $\frac{1}{12}$　　**7** $\frac{1}{14}$

8 $\frac{4}{5}$　　**9** $\frac{7}{11}$　　**10** $\frac{8}{15}$

11 $\frac{3}{8}$　　**12** $\frac{6}{17}$　　**13** $\frac{9}{20}$

예제 문제

1 (1) 1÷5의 몫은 1을 똑같이 5로 나눈 것 중의 1이므로 $\frac{1}{5}$입니다.

(2) 1÷4의 몫은 1을 똑같이 4로 나눈 것 중의 1이므로 $\frac{1}{4}$입니다.

3 2÷7은 $\frac{1}{7}$이 2개이므로 $\frac{2}{7}$입니다.

4 4÷9는 $\frac{1}{9}$이 4개이므로 $\frac{4}{9}$입니다.

개념 집중 연습

1 1÷6의 몫은 1을 똑같이 6으로 나눈 것 중의 1이므로 $\frac{1}{6}$입니다.

2 3÷4는 $\frac{1}{4}$이 3개이므로 $\frac{3}{4}$입니다.

5~7 1÷▲의 몫은 1을 똑같이 ▲로 나눈 것 중의 1이므로 분수로 나타내면 $\frac{1}{▲}$입니다.

8~13 ●÷▲의 몫은 $\frac{1}{▲}$이 ●개이므로 $\frac{●}{▲}$입니다.

예제 문제 **1** 1, 1, 3

2 (1) $\frac{6}{5}$, $1\frac{1}{5}$ (2) $\frac{7}{4}$, $1\frac{3}{4}$

개념 집중 연습

1 1, 1, 1 / 1, 4　　　　**2** $\frac{1}{3}$, 4 / 4, 1, 1

3 $\frac{5}{4}\left(=1\frac{1}{4}\right)$　　　**4** $\frac{8}{7}\left(=1\frac{1}{7}\right)$

5 $\frac{11}{5}\left(=2\frac{1}{5}\right)$　　**6** $\frac{9}{2}\left(=4\frac{1}{2}\right)$

7 $\frac{10}{3}\left(=3\frac{1}{3}\right)$　　**8** $\frac{15}{8}\left(=1\frac{7}{8}\right)$

9 $\frac{12}{11}\left(=1\frac{1}{11}\right)$　　**10** $\frac{18}{5}\left(=3\frac{3}{5}\right)$

11 $\frac{22}{7}\left(=3\frac{1}{7}\right)$

예제 문제

1 3÷2=1…1이고, 나머지 1을 2로 나누면 $\frac{1}{2}$입니다.

➜ 3÷2=$1\frac{1}{2}$=$\frac{3}{2}$

개념 집중 연습

2 1÷3=$\frac{1}{3}$입니다. 4÷3은 $\frac{1}{3}$이 4개이므로

4÷3=$\frac{4}{3}$=$1\frac{1}{3}$입니다.

3~11 참고

'분수의 나눗셈'에서 계산 결과를 대분수로 나타내지 않아도 정답으로 인정합니다.

예제 문제 **1** 3   **2** $\dfrac{2}{15}$

개념 집중 연습

1 3, $\dfrac{3}{11}$ **2** 3, 6, 6, $\dfrac{2}{9}$

3 2, $\dfrac{6}{13}$ **4** 5, $\dfrac{2}{17}$

5 28, 28, $\dfrac{4}{63}$ **6** 14, 14, $\dfrac{7}{22}$

7 $\dfrac{4}{9}$ **8** $\dfrac{2}{19}$ **9** $\dfrac{4}{25}$

10 $\dfrac{3}{20}$ **11** $\dfrac{2}{15}$ **12** $\dfrac{9}{65}$

예제 문제

1 $\dfrac{6}{7}$을 똑같이 2로 나눈 것 중의 1은 $\dfrac{3}{7}$입니다.

개념 집중 연습

1 $\dfrac{9}{11}$를 똑같이 3으로 나눈 것 중의 1은 $\dfrac{3}{11}$입니다.

➡ 9÷3=3이므로 $\dfrac{9}{11} \div 3 = \dfrac{9 \div 3}{11} = \dfrac{3}{11}$입니다.

2 $\dfrac{2}{3}$를 똑같이 3으로 나눈 것 중의 1은 전체 9칸 중에서 2칸이므로 $\dfrac{2}{9}$입니다.

➡ $\dfrac{2}{3} = \dfrac{2 \times 3}{3 \times 3} = \dfrac{6}{9}$이므로

$\dfrac{2}{3} \div 3 = \dfrac{6}{9} \div 3 = \dfrac{6 \div 3}{9} = \dfrac{2}{9}$입니다.

3~4 분자가 자연수의 배수일 때에는 분자를 자연수로 나눕니다.

5~6 분자가 자연수의 배수가 아닐 때에는 크기가 같은 분수 중에 분자가 자연수의 배수인 수로 바꾸어 계산합니다.

7 $\dfrac{8}{9} \div 2 = \dfrac{8 \div 2}{9} = \dfrac{4}{9}$

9 $\dfrac{16}{25} \div 4 = \dfrac{16 \div 4}{25} = \dfrac{4}{25}$

11 $\dfrac{4}{5} \div 6 = \dfrac{12}{15} \div 6 = \dfrac{12 \div 6}{15} = \dfrac{2}{15}$

1 예 / $\dfrac{1}{7}$

2 (1) $\dfrac{2}{9}$ (2) $\dfrac{5}{12}$

3 (위에서부터) $\dfrac{6}{7}$, $\dfrac{6}{11}$ **4** <

5 1, 1, 1 / 1, 9   **6** 서아

7 $\dfrac{14}{5} \left(= 2\dfrac{4}{5} \right)$ **8** $\dfrac{13}{6} \left(= 2\dfrac{1}{6} \right)$ L

9 예 , $\dfrac{2}{7}$

10 (1) $\dfrac{2}{9}$ (2) $\dfrac{2}{11}$

11 (1) $\dfrac{5}{8} \div 6 = \dfrac{30}{48} \div 6 = \dfrac{30 \div 6}{48} = \dfrac{5}{48}$

  (2) $\dfrac{7}{15} \div 4 = \dfrac{28}{60} \div 4 = \dfrac{28 \div 4}{60} = \dfrac{7}{60}$

12   **13** $\dfrac{1}{8}$, $\dfrac{1}{40}$

14 예 $\dfrac{9}{10} \div 2 = \dfrac{18}{20} \div 2 = \dfrac{18 \div 2}{20} = \dfrac{9}{20}$

15 $\dfrac{15}{17} \div 3 = \dfrac{5}{17}$, $\dfrac{5}{17}$ m

4 $1 \div 13 = \dfrac{1}{13}$ ➡ $\dfrac{1}{13} < \dfrac{1}{10}$

6 서아: $8 \div 3 = \dfrac{8}{3} = 2\dfrac{2}{3}$

7 $14 > 5$ ➡ $14 \div 5 = \dfrac{14}{5} = 2\dfrac{4}{5}$

8 (하루에 마셔야 할 물의 양)$= 13 \div 6 = \dfrac{13}{6} = 2\dfrac{1}{6}$ (L)

11 (1) $\dfrac{5}{8} = \dfrac{5 \times 6}{8 \times 6} = \dfrac{30}{48}$ (2) $\dfrac{7}{15} = \dfrac{7 \times 4}{15 \times 4} = \dfrac{28}{60}$

12 $\dfrac{6}{13} \div 3 = \dfrac{6 \div 3}{13} = \dfrac{2}{13}$, $\dfrac{12}{13} \div 4 = \dfrac{12 \div 4}{13} = \dfrac{3}{13}$

13 $1 \div 8 = \dfrac{1}{8}$, $\dfrac{1}{8} \div 5 = \dfrac{5}{40} \div 5 = \dfrac{5 \div 5}{40} = \dfrac{1}{40}$

15 정삼각형은 세 변의 길이가 같습니다.
  ➡ (정삼각형의 한 변의 길이)
  $= \dfrac{15}{17} \div 3 = \dfrac{15 \div 3}{17} = \dfrac{5}{17}$ (m)

14~15쪽 1단계 개념 빠삭

예제 문제 **1** 5, 15   **2** $\dfrac{1}{9}$

3 (1) $\dfrac{1}{3}$ (2) $\dfrac{2}{21}$

개념 집중 연습

1 3, $\dfrac{1}{12}$

2 2, $\dfrac{3}{10}$

3 $\dfrac{1}{6} \times \dfrac{1}{4}$

4 $\dfrac{3}{8} \times \dfrac{1}{4}$

5 $\dfrac{1}{5}$, $\dfrac{7}{40}$

6 $\dfrac{1}{6}$, $\dfrac{5}{54}$

7 $\dfrac{1}{8}$, $\dfrac{1}{56}$

8 $\dfrac{1}{5}$, $\dfrac{3}{20}$

9 $\dfrac{4}{81}$

10 $\dfrac{2}{33}$

11 $\dfrac{6}{35}$

12 $\dfrac{3}{26}$

예제 문제

1 $\dfrac{2}{3} \div 5$의 몫은 $\dfrac{2}{3}$를 똑같이 5로 나눈 것 중의 1입니다.

3 (2) $\dfrac{2}{7} \div 3 = \dfrac{2}{7} \times \dfrac{1}{3} = \dfrac{2}{21}$

개념 집중 연습

1 $\dfrac{1}{4} \div 3$의 몫은 $\dfrac{1}{4}$을 똑같이 3으로 나눈 것 중의 1입니다.

➡ $\dfrac{1}{4} \div 3 = \dfrac{1}{4} \times \dfrac{1}{3} = \dfrac{1}{12}$

2 $\dfrac{3}{5} \div 2$의 몫은 $\dfrac{3}{5}$을 똑같이 2로 나눈 것 중의 1입니다.

➡ $\dfrac{3}{5} \div 2 = \dfrac{3}{5} \times \dfrac{1}{2} = \dfrac{3}{10}$

3~4 $\dfrac{\blacktriangle}{\blacksquare} \div \bullet = \dfrac{\blacktriangle}{\blacksquare} \times \dfrac{1}{\bullet}$입니다.

9 $\dfrac{4}{9} \div 9 = \dfrac{4}{9} \times \dfrac{1}{9} = \dfrac{4}{81}$

10 $\dfrac{2}{11} \div 3 = \dfrac{2}{11} \times \dfrac{1}{3} = \dfrac{2}{33}$

11 $\dfrac{6}{7} \div 5 = \dfrac{6}{7} \times \dfrac{1}{5} = \dfrac{6}{35}$

12 $\dfrac{9}{13} \div 6 = \dfrac{\overset{3}{\cancel{9}}}{13} \times \dfrac{1}{\underset{2}{\cancel{6}}} = \dfrac{3}{26}$

참고

'분수의 나눗셈'에서 계산 결과를 기약분수로 나타내지 않아도 정답으로 인정합니다.

16~17쪽 1단계 개념 빠삭

예제 문제 **1** 4, 12   **2** (1) 5 (2) $\dfrac{6}{25}$

개념 집중 연습

1 2, $\dfrac{7}{8}$

2 3, $\dfrac{8}{15}$

3 $\dfrac{5}{2} \times \dfrac{1}{4}$

4 $\dfrac{7}{3} \times \dfrac{1}{6}$

5 5, $\dfrac{8}{35}$

6 4, $\dfrac{9}{32}$

7 $\dfrac{1}{3}$, $\dfrac{11}{30}$

8 $\dfrac{1}{5}$, $\dfrac{13}{60}$

9 $\dfrac{9}{50}$

10 $\dfrac{10}{27}$

11 $\dfrac{11}{12}$

12 $\dfrac{3}{8}$

예제 문제

1 $\dfrac{5}{3} \div 4$의 몫은 $\dfrac{5}{3}$를 똑같이 4로 나눈 것 중의 1입니다.

➡ $\dfrac{5}{3} \div 4 = \dfrac{5}{3} \times \dfrac{1}{4} = \dfrac{5}{12}$

2 (2) $\dfrac{6}{5} \div 5 = \dfrac{6}{5} \times \dfrac{1}{5} = \dfrac{6}{25}$

개념 집중 연습

9 $\dfrac{9}{5} \div 10 = \dfrac{9}{5} \times \dfrac{1}{10} = \dfrac{9}{50}$

10 $\dfrac{10}{9} \div 3 = \dfrac{10}{9} \times \dfrac{1}{3} = \dfrac{10}{27}$

11 $\dfrac{11}{6} \div 2 = \dfrac{11}{6} \times \dfrac{1}{2} = \dfrac{11}{12}$

12 $\dfrac{21}{8} \div 7 = \dfrac{\overset{3}{\cancel{21}}}{8} \times \dfrac{1}{\underset{1}{\cancel{7}}} = \dfrac{3}{8}$

예제 문제 **1** 2, 10, 5   **2** 2, 6, 6, $\dfrac{5}{6}$

개념 집중 연습

1 5, 2, $\dfrac{5}{8}$ **2** 7, 4, $\dfrac{7}{12}$

3 $\dfrac{7}{4} \times \dfrac{1}{4}$ **4** $\dfrac{15}{7} \times \dfrac{1}{3}$

5 12, 12, $\dfrac{2}{7}$ **6** 15, 15, $\dfrac{3}{8}$

7 17, 6, $\dfrac{17}{42}$ **8** 13, 5, $\dfrac{13}{20}$

9 $\dfrac{11}{32}$ **10** $\dfrac{23}{12}\left(=1\dfrac{11}{12}\right)$

11 $\dfrac{9}{10}$ **12** $\dfrac{5}{18}$

예제 문제

1 $1\dfrac{3}{5}=\dfrac{8}{5}$이므로 $1\dfrac{3}{5}\div 2$의 몫은 $\dfrac{8}{5}$을 똑같이 2로 나눈 것 중의 1입니다.

  ➜ $1\dfrac{3}{5}\div 2=\dfrac{8}{5}\times\dfrac{1}{2}=\dfrac{8}{10}=\dfrac{4}{5}$

개념 집중 연습

1 $1\dfrac{1}{4}=\dfrac{5}{4}$이므로 $1\dfrac{1}{4}\div 2$의 몫은 $\dfrac{5}{4}$를 똑같이 2로 나눈 것 중의 1입니다.

  ➜ $1\dfrac{1}{4}\div 2=\dfrac{5}{4}\times\dfrac{1}{2}=\dfrac{5}{8}$

2 $2\dfrac{1}{3}=\dfrac{7}{3}$이므로 $2\dfrac{1}{3}\div 4$의 몫은 $\dfrac{7}{3}$을 똑같이 4로 나눈 것 중의 1입니다.

  ➜ $2\dfrac{1}{3}\div 4=\dfrac{7}{3}\times\dfrac{1}{4}=\dfrac{7}{12}$

10 $3\dfrac{5}{6}\div 2=\dfrac{23}{6}\times\dfrac{1}{2}=\dfrac{23}{12}=1\dfrac{11}{12}$

11 $5\dfrac{2}{5}\div 6=\dfrac{\overset{9}{27}}{5}\times\dfrac{1}{\underset{2}{6}}=\dfrac{9}{10}$

12 $2\dfrac{7}{9}\div 10=\dfrac{\overset{5}{25}}{9}\times\dfrac{1}{\underset{2}{10}}=\dfrac{5}{18}$

---

1 2, 14   **2** (○)( )

3 3, 3 / 3, $\dfrac{4}{27}$ **4** $\dfrac{5}{32}$

5 =   **6** 유찬

7 $\dfrac{9}{10}\div 2=\dfrac{9}{20}$, $\dfrac{9}{20}$ kg

8 4 / 3, 2, 4

9 ( )( )(△)   **10** $\dfrac{9}{8}\left(=1\dfrac{1}{8}\right)$

11 $\dfrac{14}{9}\div 4=\dfrac{\overset{7}{14}}{9}\times\dfrac{1}{\underset{2}{4}}=\dfrac{7}{18}$

12 •———•   **13** $\dfrac{13}{18}$ **14** ㉡

15 $\dfrac{5}{8}$, $\dfrac{8}{25}$ **16** 현서   **17** $\dfrac{7}{13}$ cm²

18 $\dfrac{11}{4}\div 5=\dfrac{11}{20}$, $\dfrac{11}{20}$배

19 8, 8, $\dfrac{2}{5}$ **20** (1) $\dfrac{5}{6}$ (2) $\dfrac{11}{20}$

21 $\dfrac{5}{12}$ **22** $\dfrac{7}{3}\left(=2\dfrac{1}{3}\right)$

23 예 $1\dfrac{5}{6}\div 5=\dfrac{11}{6}\div 5=\dfrac{11}{6}\times\dfrac{1}{5}=\dfrac{11}{30}$

24 ㉡, $\dfrac{22}{45}$ **25** ㉠   **26** $\dfrac{1}{2}$ m

27 2, 6 / $\dfrac{3}{7}$ **28** 1   **29** 4

---

5 $\dfrac{7}{8}\div 3=\dfrac{7}{8}\times\dfrac{1}{3}=\dfrac{7}{24}$, $\dfrac{7}{12}\div 2=\dfrac{7}{12}\times\dfrac{1}{2}=\dfrac{7}{24}$

  ➜ $\dfrac{7}{8}\div 3\;\fbox{=}\;\dfrac{7}{12}\div 2$

6 소윤: $\dfrac{5}{6}\div 3=\dfrac{5}{6}\times\dfrac{1}{3}=\dfrac{5}{18}$

  유찬: $\dfrac{10}{11}\div 2=\dfrac{\overset{5}{10}}{11}\times\dfrac{1}{\underset{1}{2}}=\dfrac{5}{11}$ ➜ $\dfrac{5}{18}<\dfrac{5}{11}$

7 $\dfrac{9}{10}\div 2=\dfrac{9}{10}\times\dfrac{1}{2}=\dfrac{9}{20}$ (kg)

15 $\dfrac{15}{4}\div 6=\dfrac{15}{4}\times\dfrac{1}{\underset{2}{6}}=\dfrac{5}{8}$

  $\dfrac{16}{5}\div 10=\dfrac{\overset{8}{16}}{5}\times\dfrac{1}{\underset{5}{10}}=\dfrac{8}{25}$

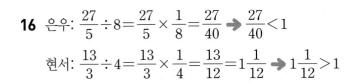

16 은우: $\frac{27}{5} \div 8 = \frac{27}{5} \times \frac{1}{8} = \frac{27}{40}$ ➡ $\frac{27}{40} < 1$

현서: $\frac{13}{3} \div 4 = \frac{13}{3} \times \frac{1}{4} = \frac{13}{12} = 1\frac{1}{12}$ ➡ $1\frac{1}{12} > 1$

17 $\frac{42}{13} \div 6 = \frac{\overset{7}{\cancel{42}}}{13} \times \frac{1}{\underset{1}{\cancel{6}}} = \frac{7}{13}$ (cm²)

18 $\frac{11}{4} \div 5 = \frac{11}{4} \times \frac{1}{5} = \frac{11}{20}$(배)

22 $4\frac{2}{3} > 2$ ➡ $4\frac{2}{3} \div 2 = \frac{\overset{7}{\cancel{14}}}{3} \times \frac{1}{\underset{1}{\cancel{2}}} = \frac{7}{3} = 2\frac{1}{3}$

24 ㉠ $1\frac{3}{8} \div 4 = \frac{11}{8} \times \frac{1}{4} = \frac{11}{32}$

㉡ $2\frac{4}{9} \div 5 = \frac{22}{9} \times \frac{1}{5} = \frac{22}{45}$

25 ㉠ $3\frac{1}{4} \div 13 = \frac{13}{4} \div 13 = \frac{\overset{1}{\cancel{13}}}{4} \times \frac{1}{\underset{1}{\cancel{13}}} = \frac{1}{4}$

㉡ $2\frac{1}{3} \div 7 = \frac{7}{3} \div 7 = \frac{\overset{1}{\cancel{7}}}{3} \times \frac{1}{\underset{1}{\cancel{7}}} = \frac{1}{3}$

➡ ㉠ $\frac{1}{4} <$ ㉡ $\frac{1}{3}$

26 $4\frac{1}{2} \div 9 = \frac{9}{2} \div 9 = \frac{\overset{1}{\cancel{9}}}{2} \times \frac{1}{\underset{1}{\cancel{9}}} = \frac{1}{2}$ (m)

27 $\boxed{2}\frac{4}{7} \div \boxed{6} < \boxed{6}\frac{4}{7} \div \boxed{2}$

➡ $2\frac{4}{7} \div 6 = \frac{18}{7} \div 6 = \frac{\overset{3}{\cancel{18}}}{7} \times \frac{1}{\underset{1}{\cancel{6}}} = \frac{3}{7}$

28 $2\frac{4}{5} \div 7 = \frac{14}{5} \div 7 = \frac{\overset{2}{\cancel{14}}}{5} \times \frac{1}{\underset{1}{\cancel{7}}} = \frac{2}{5}$

$2\frac{4}{5} \div 7 > \frac{\square}{5}$는 $\frac{2}{5} > \frac{\square}{5}$와 같습니다.

➡ $\square$는 2보다 작아야 하므로 $\square$ 안에 들어갈 수 있는 자연수는 1입니다.

29 $1\frac{2}{3} \div 3 = \frac{5}{3} \div 3 = \frac{5}{3} \times \frac{1}{3} = \frac{5}{9}$

$\frac{\square}{9} < 1\frac{2}{3} \div 3$은 $\frac{\square}{9} < \frac{5}{9}$와 같습니다.

➡ $\square$는 5보다 작아야 하므로 $\square$ 안에 들어갈 수 있는 자연수는 1, 2, 3, 4이고 이 중 가장 큰 자연수는 4입니다.

24~26쪽 TEST **1단원 평가**

1 $\frac{1}{20}$ **2** 16, 4, $\frac{4}{13}$

3 $\frac{5}{2} \times \frac{1}{3}$ **4** $\frac{7}{20}$ **5** ( )(○)

6 $\frac{3}{35}$ **7** (1) $\frac{5}{21}$ (2) $\frac{10}{27}$

8 $\frac{20}{21} \div 15 = \frac{20}{21} \times \frac{1}{\underset{3}{\cancel{15}}} = \frac{\overset{4}{\cancel{}}}{63}$... $= \frac{4}{63}$

9 $\frac{7}{12}$ **10**

11 예 $2\frac{6}{7} \div 3 = \frac{20}{7} \div 3 = \frac{20}{7} \times \frac{1}{3} = \frac{20}{21}$

12 $\frac{17}{25}$ **13** (○)( )   **14** >

15 $\frac{1}{4}$, $3\frac{1}{4}$ **16** $\frac{5}{9}$ m   **17** $\frac{3}{4}$ kg

18 ㉠   **19** 5, 3 / $\frac{5}{27}$ **20** 1, 2

2 $\frac{16}{13} \div 4 = \frac{16 \div 4}{13} = \frac{4}{13}$

3 $2\frac{1}{2}$을 $\frac{5}{2}$로 바꾸고 ÷3을 $\times\frac{1}{3}$로 나타냅니다.

4 $7 \div 20 = \frac{7}{20}$

5 $\frac{9}{5} \div 4 = \frac{9}{5} \times \frac{1}{4}$

6 $\frac{3}{7} \div 5 = \frac{3}{7} \times \frac{1}{5} = \frac{3}{35}$

7 (1) $3\frac{4}{7} \div 15 = \frac{25}{7} \div 15 = \frac{\overset{5}{\cancel{25}}}{7} \times \frac{1}{\underset{3}{\cancel{15}}} = \frac{5}{21}$

(2) $4\frac{4}{9} \div 12 = \frac{40}{9} \div 12 = \frac{\overset{10}{\cancel{40}}}{9} \times \frac{1}{\underset{3}{\cancel{12}}} = \frac{10}{27}$

8 $\div 15$를 $\times\frac{1}{15}$로 나타내고 약분하여 계산합니다.

9 $4\frac{2}{3} \div 8 = \frac{14}{3} \div 8 = \frac{\overset{7}{\cancel{14}}}{3} \times \frac{1}{\underset{4}{\cancel{8}}} = \frac{7}{12}$

10 $\frac{9}{8} \div 3 = \frac{9 \div 3}{8} = \frac{3}{8}$, $\frac{13}{10} \div 5 = \frac{13}{10} \times \frac{1}{5} = \frac{13}{50}$

11 대분수를 가분수로 바꾸어 계산해야 합니다.

12 $3\frac{2}{5} \div 5 = \frac{17}{5} \div 5 = \frac{17}{5} \times \frac{1}{5} = \frac{17}{25}$ (m)

13 · $10 \div 13 = \frac{10}{13}$ ➡ $\frac{10}{13} < 1$

· $22 \div 15 = \frac{22}{15} = 1\frac{7}{15}$ ➡ $1\frac{7}{15} > 1$

14 $\frac{21}{5} \div 6 = \frac{\overset{7}{21}}{5} \times \frac{1}{\underset{2}{6}} = \frac{7}{10}$

➡ $\frac{7}{10} > \frac{3}{10}$

15 $13 \div 4 = 3 \cdots 1$

16 (세로)=(직사각형의 넓이)÷(가로)

$= \frac{20}{9} \div 4 = \frac{\overset{5}{20}}{9} \times \frac{1}{\underset{1}{4}} = \frac{5}{9}$ (m)

17 (한 통에 담겨 있는 쌀의 양)

=(전체 쌀의 양)÷(나누어 담은 통의 수)

$= 3\frac{3}{4} \div 5 = \frac{15}{4} \div 5 = \frac{\overset{3}{15}}{4} \times \frac{1}{\underset{1}{5}} = \frac{3}{4}$ (kg)

18 ㉠ $\frac{11}{4} \div 5 = \frac{11}{4} \times \frac{1}{5} = \frac{11}{20}$

㉡ $\frac{27}{20} \div 3 = \frac{\overset{9}{27}}{20} \times \frac{1}{\underset{1}{3}} = \frac{9}{20}$

㉢ $\frac{21}{10} \div 6 = \frac{\overset{7}{21}}{10} \times \frac{1}{\underset{2}{6}} = \frac{7}{20}$

➡ ㉠ $\frac{11}{20} >$ ㉡ $\frac{9}{20} >$ ㉢ $\frac{7}{20}$

19 몫이 더 크게 되려면 나누어지는 수는 크게, 나누는 수는 작게 해야 합니다.

➡ $\frac{5}{9} \div 3 = \frac{5}{9} \times \frac{1}{3} = \frac{5}{27}$

20 $\frac{3}{5} \div 5 = \frac{3}{5} \times \frac{1}{5} = \frac{3}{25}$

$\frac{\square}{25} < \frac{3}{5} \div 5$는 $\frac{\square}{25} < \frac{3}{25}$과 같습니다.

➡ □는 3보다 작아야 하므로 □ 안에 들어갈 수 있는 자연수는 1, 2입니다.

---

2 ## 각기둥과 각뿔

30~31쪽 **1단계 개념 빠삭**

예제 문제 **1** 가, 다   **2** 밑면, 옆면

개념 집중 연습

1 가, 나, 라, 마, 바   **2** 나, 라, 마, 바
3 나, 마, 바   **4** 나, 마, 바

5

6

7

8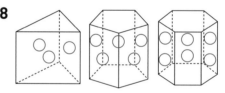

9 직사각형

예제 문제

1 서로 평행한 두 면이 합동인 다각형으로 이루어진 입체도형을 모두 찾습니다.

2 각기둥에서 서로 평행하고 합동인 두 면을 밑면이라 하고, 두 밑면과 만나는 면을 옆면이라고 합니다.

개념 집중 연습

2 가는 서로 평행한 두 면이 합동이 아닙니다.

3 라는 서로 평행한 두 면이 합동이지만 다각형이 아닙니다.

4 서로 평행한 두 면이 합동인 다각형으로 이루어진 입체도형이 각기둥이므로 나, 마, 바입니다.

5~7 각기둥에서 서로 평행하고 합동인 두 면을 밑면이라고 합니다. 이때 두 밑면은 나머지 면들과 모두 수직으로 만납니다.

8 각기둥에서 두 밑면과 만나는 면을 옆면이라고 합니다.

32~33쪽 1단계 개념 빠삭

예제 문제
1 (1) 육각형 (2) 육각기둥

2

개념 집중 연습
1 삼각기둥   **2** 오각기둥   **3** 팔각기둥

4   **5**   **6**

7 사각형, 사각기둥 / 육각형, 육각기둥 /
칠각형, 칠각기둥

8 (위에서부터) 6, 12 / 18, 12 / 9, 14

예제 문제
1 ⑴ 한 밑면의 변이 6개이므로 육각형입니다.
⑵ 밑면의 모양이 육각형이므로 육각기둥입니다.

개념 집중 연습
1 밑면의 모양이 삼각형이므로 삼각기둥입니다.

2 밑면의 모양이 오각형이므로 오각기둥입니다.

3 밑면의 모양이 팔각형이므로 팔각기둥입니다.

34~35쪽 2단계 익힘책 빠삭

1 밑면, 옆면   **2** 가, 다, 라, 마, 바
3 가, 마, 바   **4** 각기둥
5 ㅂㅅㅇㅈㅊ
6 ㄷㅇㅈㄹ, ㄹㅈㅊㅁ, ㅁㅊㅂㄱ
7 7개   **8** 서아
9 (위에서부터) 꼭짓점, 높이, 모서리
10 오각기둥   **11** 8개
12 12개   **13** 9개
14 모서리 ㄴㅁ, 모서리 ㄷㅂ, 모서리 ㄱㄹ
15 4, 6, 12, 8   **16** 8, 10, 24, 16

2 위와 아래에 있는 면이 서로 평행한 다각형으로 이루어
진 입체도형은 가, 다, 라, 마, 바입니다.
나는 위와 아래에 있는 면이 서로 평행하지만 다각형이
아닙니다.

3 다와 라는 위와 아래에 있는 면이 서로 평행하지만 합
동인 다각형이 아닙니다.

4 서로 평행한 두 면이 합동인 다각형으로 이루어진 입체
도형은 각기둥입니다.

7 각기둥에서 두 밑면과 만나는 면은 밑면을 제외한 모든
면으로 모두 7개입니다.

8 각기둥의 밑면과 옆면은 서로 수직으로 만납니다.

10 밑면의 모양이 오각형이면 오각기둥이라고 합니다.

12 모서리와 모서리가 만나는 점은 꼭짓점이고, 모두 12개
입니다.

13 모서리 ㄱㄴ, 모서리 ㄴㄷ, 모서리 ㄷㄱ,
모서리 ㄱㄹ, 모서리 ㄴㅁ, 모서리 ㄷㅂ,
모서리 ㄹㅁ, 모서리 ㅁㅂ, 모서리 ㅂㄹ
➜ 모서리는 모두 9개입니다.

14 옆면끼리 만나서 생긴 모서리를 모두 찾습니다.

16 참고
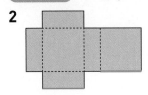
• (각기둥의 면의 수)=(한 밑면의 변의 수)+2
• (각기둥의 모서리의 수)=(한 밑면의 변의 수)×3
• (각기둥의 꼭짓점의 수)=(한 밑면의 변의 수)×2

36~37쪽 1단계 개념 빠삭

예제 문제
1 전개도

2

개념 집중 연습
1 오각기둥   **2** 육각기둥
3 선분 ㅋㅌ   **4** 선분 ㅊㅈ
5 (왼쪽에서부터) 5, 2, 3
6 (왼쪽에서부터) 3, 3, 4

개념 집중 연습
1 밑면의 모양이 오각형이므로 오각기둥의 전개도입니다.

2 밑면의 모양이 육각형이므로 육각기둥의 전개도입니다.

예제 문제 **1**

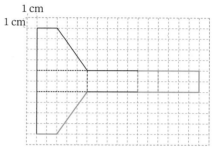

개념 집중 연습

1

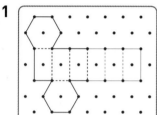

2

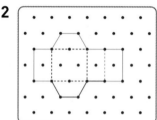

3

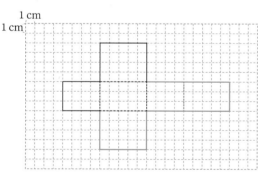

4 **예**

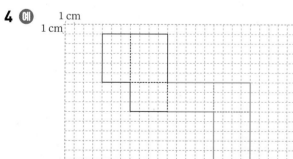

개념 집중 연습

2 사다리꼴 모양의 두 밑면이 되도록 나머지 한 밑면을 완성하고 빠진 옆면을 그립니다.

1 육각기둥   **2** 선분 ㅁㄹ

3 4개   **4** 12개

5 지안

6 전개도를 접었을 때 서로 겹치는 면이 있습니다.

7 (왼쪽에서부터) 3, 5, 4, 7

8 실선, 점선

9

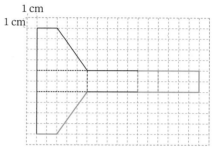

10 **예**

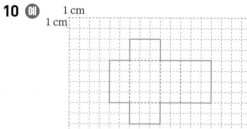

11

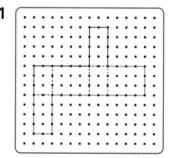

12 **예**

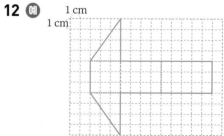

13 **예**

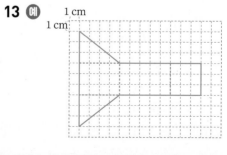

4 밑면의 모양이 사각형이므로 사각기둥의 전개도입니다.
→ (사각기둥의 모서리의 수)
= (한 밑면의 변의 수)×3 = 4×3 = 12(개)

5 서준이가 그린 전개도는 두 밑면이 합동이 아니고, 밑면의 위치도 틀렸습니다.

7 각기둥의 전개도를 접었을 때 맞닿는 선분의 길이는 같습니다.

42~43쪽 1 단계 개념 빠삭

예제 문제 **1** 가, 다
2 (위에서부터) 옆면, 밑면

개념 집중 연습

1 나, 다, 라, 바   **2** 나, 바
3 나, 바   **4** ㄴㄷㄹㅁ
5 ㄴㄷㄹㅁㅂ   **6** ㄴㄷㄹㅁㅂㅅ
7 예

8 삼각형

개념 집중 연습

7 참고
정사면체는 보는 방법에 따라 모든 면이 밑면과 옆면이 될 수 있으므로 한 면을 밑면으로 정하고 다른 면들을 옆면으로 합니다.

44~45쪽 1 단계 개념 빠삭

예제 문제 **1** (1) 육각형 (2) 육각뿔
2 각뿔의 꼭짓점, 높이, 모서리

개념 집중 연습

1 삼각뿔   **2** 사각뿔   **3** 팔각뿔
4   **5**   **6**

7 사각형, 사각뿔 / 오각형, 오각뿔 / 칠각형, 칠각뿔
8 (위에서부터) 5, 8 / 10, 6 / 8, 8

예제 문제

1 (1) 밑면의 변이 6개이므로 육각형입니다.
  (2) 밑면의 모양이 육각형이므로 육각뿔입니다.

참고
밑면의 모양이 ■각형인 각뿔의 이름 → ■각뿔

46~47쪽 2 단계 익힘책 빠삭

1 (1) 밑면 (2) 옆면   **2** 가, 다, 바
3 가, 다   **4** 예

5 면 ㄱㄴㄷ, 면 ㄱㄷㄹ, 면 ㄱㄹㄴ
6 ㄴㄷㄹㅁㅂ / ㄱㄹㅁ, ㄱㅁㅂ, ㄱㅂㄴ
7 (1) × (2) ○ (3) ○
8 옆면이 삼각형인 뿔 모양의 입체도형이 아니므로 각뿔이 아닙니다.
9 오각형, 오각뿔   **10** 12개
11 7개   **12**

13 (   ) (○) (   )
14 꼭짓점 ㄱ, 꼭짓점 ㄴ, 꼭짓점 ㄷ, 꼭짓점 ㄹ, 꼭짓점 ㅁ
15 유찬   **16** 십각뿔

4 각뿔의 옆면의 모양은 삼각형입니다.

5 각뿔에서 밑면과 만나는 면을 옆면이라고 합니다.

9 각뿔의 이름은 밑면의 모양에 따라 정해집니다.

10 면과 면이 만나는 선분은 모서리입니다.

11 모서리와 모서리가 만나는 점은 꼭짓점입니다.

12 꼭짓점 중에서도 옆면이 모두 만나는 점을 각뿔의 꼭짓점이라고 합니다.

13 첫 번째, 세 번째 그림은 각뿔의 모서리의 길이를 잰 것입니다.

15 옆면과 옆면이 만나는 선분은 모서리이고, 높이는 각뿔의 꼭짓점에서 밑면에 수직인 선분의 길이입니다.

16 옆면의 모양이 모두 삼각형이므로 각뿔이고, 밑면의 모양이 십각형이므로 십각뿔입니다.

1 가, 다, 라, 마
2 가
3 마
4 팔각기둥
5 (위에서부터) 밑면, 꼭짓점, 높이, 옆면, 모서리
6
7 면 ㄱㄴㄷㄹㅁㅂ, 면 ㅅㅇㅈㅊㅋㅌ
8 8개
9 칠각뿔
10 8 cm
11 나
12 ④, ⑤
13 면 ㅍㄹㅁㅌ
14 5, 6, 10, 6
15
16 (위에서부터) 5 / 8, 4
17 예 각기둥은 밑면이 2개이고, 각뿔은 밑면이 1개입니다.
18 10개
19 44 cm
20 삼각기둥

1 평면도형이 아닌 도형을 입체도형이라고 합니다.

2 서로 평행한 두 면이 합동인 다각형으로 이루어진 입체도형이 각기둥이므로 가입니다.

3 각기둥이 아니면서 모든 면이 다각형인 뿔 모양의 입체도형이 각뿔이므로 마입니다.

4 밑면의 모양이 팔각형이므로 팔각기둥입니다.

7 서로 평행하고 합동인 두 면을 밑면이라고 합니다.

8 각뿔에서 밑면과 만나는 면은 옆면입니다.
→ 팔각뿔의 옆면은 모두 8개입니다.

9 밑면의 모양이 칠각형이므로 칠각뿔입니다.

11 • 가는 밑면이 삼각형이므로 옆면이 3개이어야 하는데 4개입니다.
• 나는 사각기둥의 전개도입니다.

12 ① 사각기둥의 면은 6개입니다.
② 사각기둥의 밑면은 2개입니다.
③ 사각기둥의 모서리는 12개입니다.

13 전개도를 접을 때 면 ㅋㅇㅈㅊ과 마주 보는 면은 면 ㅍㄹㅁㅌ입니다.

14 참고
• (각뿔의 면의 수)=(밑면의 변의 수)+1
• (각뿔의 모서리의 수)=(밑면의 변의 수)×2
• (각뿔의 꼭짓점의 수)=(밑면의 변의 수)+1

17 '각기둥은 옆면의 모양이 직사각형이고, 각뿔은 옆면의 모양이 삼각형입니다.' 등도 답이 될 수 있습니다.
평가 기준
각기둥과 각뿔의 구성 요소와 성질을 비교하여 차이점을 설명했으면 정답으로 합니다.

18 밑면의 모양이 오각형이므로 오각기둥의 전개도입니다.
→ (오각기둥의 꼭짓점의 수)
=(한 밑면의 변의 수)×2
=5×2=10(개)

19 4 cm인 모서리의 수: 4개
7 cm인 모서리의 수: 4개
→ (모서리의 길이의 합)
=4×4+7×4=44 (cm)

20 면의 수가 5개인 입체도형은 삼각기둥 또는 사각뿔입니다. 그중 모서리의 수가 9개, 꼭짓점의 수가 6개인 입체도형은 삼각기둥입니다.

3 소수의 나눗셈

2 나누어지는 수의 소수점 위치에 맞추어 몫의 소수점을 찍습니다.

54~55쪽 **1단계** **개념 빠삭**

예제 문제 **1** 18, 6

2 (왼쪽에서부터) $\frac{1}{10}$, 12.2

개념 집중 연습

1 369, 123, 12.3, 12.3
2 844, 211, 2.11, 2.11
3 12.1, 1.21 **4** 32.4, 3.24
5 21.3, 2.13 **6** 12.2, 1.22
7 42.1, 4.21 **8** 31.2, 3.12

예제 문제

1 17.7을 반올림하여 자연수로 나타내면 18입니다.

개념 집중 연습

3~4 나누는 수가 같을 때 나누어지는 수가 $\frac{1}{10}$배, $\frac{1}{100}$배가 되면 몫도 $\frac{1}{10}$배, $\frac{1}{100}$배가 됩니다.

56~57쪽 **1단계** **개념 빠삭**

예제 문제 **1** (1) 10 (2) 2.6

2
```
     1 □ 5 □ 9
  5 ) 7 . 9   5
      5
      2 9
      2 5
        4 5
        4 5
          0
```

개념 집중 연습

1 294, 294, 98, 9.8 **2** 868, 868, 124, 1.24
3 2.5 **4** 3.6
5 1.68 **6** 3.28
7 8.4 **8** 4.8 **9** 5.4
10 1.87 **11** 5.94 **12** 5.26

58~59쪽 **2단계** **익힘책 빠삭**

1 21, 7 **2** 11.3, 1.13
3 21.1, 2.11 **4** ( )(○)
5 84.8÷4=21.2
6 12.2 L
7 121, 1.21 / 나누어지는 수가 $\boxed{\frac{1}{100}}$ 배가 되면 몫도 $\boxed{\frac{1}{100}}$ 배가 됩니다.
8 5.2, 16 **9** 5.73
10 12.7 **11** (교차 선)
12 예 $91.2÷8=\frac{912}{10}÷8=\frac{912÷8}{10}=\frac{114}{10}=11.4$
13 예 912÷8=114 ➡ 91.2÷8=11.4
14 6.76÷4=1.69, 1.69배

2 나누는 수가 같을 때 나누어지는 수가 $\frac{1}{10}$배, $\frac{1}{100}$배가 되면 몫도 $\frac{1}{10}$배, $\frac{1}{100}$배가 됩니다.

4 ·183.76÷8 ➡ 184÷8 ➡ 약 23
·144.36÷6 ➡ 144÷6 ➡ 약 24

6 (1분 동안 나오는 물의 양)
=(나온 전체 물의 양)÷(걸린 시간)
=24.4÷2=12.2 (L)

10 38.1>3 ➡ 38.1÷3=12.7

11 13.15÷5=2.63,
17.04÷8=2.13

12 소수 한 자리 수를 분모가 10인 분수로 바꿉니다.

14 (강아지의 무게)÷(고양이의 무게)
=6.76÷4=1.69(배)

60~61쪽 1단계 개념 빠삭

예제 문제 **1** (1) 456, 456, 76, 0.76
(2) 621, 621, 69, 0.69
2 (1) 18, 0.18 (2) 26, 0.26 (3) 83, 0.83

개념 집중 연습

1 9, 2, 8   **2** (위에서부터) 8, 5, 4, 5
3 285, 285, 57, 57, 0.57
4 364, 364, 52, 52, 100, 0.52
5 0.17   **6** 0.72   **7** 0.29
8 0.52   **9** 0.66   **10** 0.78

개념 집중 연습

6
```
        0.7 2
  9) 6.4 8
      6 3
      ─────
        1 8
        1 8
      ─────
          0
```
7
```
        0.2 9
  8) 2.3 2
      1 6
      ─────
        7 2
        7 2
      ─────
          0
```
9
```
        0.6 6
  3) 1.9 8
      1 8
      ─────
        1 8
        1 8
      ─────
          0
```
10
```
        0.7 8
  6) 4.6 8
      4 2
      ─────
        4 8
        4 8
      ─────
          0
```

62~63쪽 1단계 개념 빠삭

예제 문제 **1** 10, 100, 100, 52, 0.52
2 (위에서부터) 1, 5, 1, 6

개념 집중 연습

1 870, 870, 435, 4.35
2 1840, 1840, 368, 3.68
3 (위에서부터) $\dfrac{1}{100}$, 196, 1.96, $\dfrac{1}{100}$
4 (위에서부터) $\dfrac{1}{100}$, 215, 2.15, $\dfrac{1}{100}$
5 1.15   **6** 6.14   **7** 3.35
8 0.58   **9** 2.25   **10** 2.35

개념 집중 연습

6
```
        6.1 4
  5) 3 0.7 0
      3 0
      ─────
          7
          5
      ─────
        2 0
        2 0
      ─────
          0
```
7
```
        3.3 5
  4) 1 3.4 0
      1 2
      ─────
        1 4
        1 2
      ─────
        2 0
        2 0
      ─────
          0
```

64~65쪽 2단계 익힘책 빠삭

1 282, 0.94   **2** ㉡   **3** 0.52
4
```
        0.6 6
  2) 1.3 2
      1 2
      ─────
        1 2
        1 2
      ─────
          0
```
5 ㉡   **6** >
7 0.37   **8** 0.32
9 2.44   **10** 8.62
11 0.35

12 $16.5 \div 6 = \dfrac{165}{10} \div 6 = \dfrac{1650}{100} \div 6 = \dfrac{1650 \div 6}{100}$
$= \dfrac{275}{100} = 2.75$

13 은우   **14** 2.65, 3.18   **15** 1.85 m
16 $9.1 \div 5 = 1.82$, 1.82 L

4 나누어지는 수가 나누는 수보다 작으므로 몫의 자연수
부분에 0을 써야 합니다.

5 ㉠ 3.63 > 3   ㉡ 4.35 < 5   ㉢ 4.64 > 4
➜ 몫이 1보다 작은 것은 ㉡입니다.

다른 풀이
$3.63 \div 3 = 1.21$, $4.35 \div 5 = 0.87$, $4.64 \div 4 = 1.16$
➜ 몫이 1보다 작은 것은 ㉡입니다.

6 $5.04 \div 9 = 0.56$ ➜ $0.56 > 0.5$

7 어떤 수를 □라 하면 □ × 4 = 1.48,
□ = 1.48 ÷ 4, □ = 0.37입니다.
따라서 어떤 수는 0.37입니다.

8 가장 작은 소수 두 자리 수: 2.56
➜ $2.56 \div 8 = 0.32$

13 지안: $15.3 \div 6 = 2.55$

14 ↑ : $15.9 \div 6 = 2.65$
→ : $15.9 \div 5 = 3.18$

15 (정사각형의 한 변)
　＝(모든 변의 길이의 합)÷(정사각형의 변의 수)
　＝7.4÷4＝1.85 (m)

16 (하루에 마신 물의 양)
　＝(5일 동안 마신 물의 양)÷5
　＝9.1÷5＝1.82 (L)

66~67쪽 ① 단계 개념 빠삭

예제 문제 **1** (1) $\dfrac{816}{100}$÷4에 ○표

　(2) 816, 816, 204, 2.04

2 (1) 1.07　(2) 4.05

개념 집중 연습

1 3.05, 15　　　　**2** 3.06, 6, 12
3 4.07, 16, 28, 28
4 412, 412, 103, 103, 1.03
5 2030, 2030, 406, 406, 4.06
6 1.07　　**7** 2.09　　**8** 3.07
9 1.05　　**10** 3.05　　**11** 3.04

개념 집중 연습

7
```
     2.0 9
  9)1 8.8 1
    1 8
      8 1
      8 1
        0
```

8
```
     3.0 7
  7)2 1.4 9
    2 1
      4 9
      4 9
        0
```

68~69쪽 ① 단계 개념 빠삭

예제 문제 **1** 7, 7, 25, 175, 1.75

2 (위에서부터) 0.4, $\dfrac{1}{10}$

개념 집중 연습

1 2.25, 16, 16, 40, 40
2 1.75, 12, 84, 60, 60
3 10, 10, 5, 0.5　　　**4** 1500, 1500, 375, 3.75
5 0.6　　**6** 0.4　　　**7** 4.5
8 0.35　　**9** 1.25　　**10** 2.75

개념 집중 연습

9
```
     1.2 5
  4)5.0 0
    4
    1 0
      8
      2 0
      2 0
        0
```

10
```
     2.7 5
  8)2 2.0 0
    1 6
      6 0
      5 6
        4 0
        4 0
          0
```

70~71쪽 ② 단계 익힘책 빠삭

1 405, 4.05 / 100　　　**2** (1) 8.05　(2) 5.06

3 예 $\dfrac{954}{100}÷9=\dfrac{954÷9}{100}=\dfrac{106}{100}=1.06$

4 ㉠　　　　　　　　**5** ＝

6 예 $24.18÷6=\dfrac{2418}{100}÷6=\dfrac{2418÷6}{100}$
　　　　　　　$=\dfrac{403}{100}=4.03$ / 4.03 kg

7 예
```
     4.0 3
  6)2 4.1 8
    2 4
      1 8
      1 8
        0
```
/ 4.03 kg

8 1.07 km　　　**9** 425, 4.25

10 $\dfrac{7}{25}=\dfrac{7×4}{25×4}=\dfrac{28}{100}=0.28$

11
```
      0.3 2
  25)8.0 0
     7 5
       5 0
       5 0
         0
```
　　　12 ㉠

13 (위에서부터) 1.25, 0.8, 2.5
14 8.5 cm　　　**15** 14.4 cm
16 9÷12＝0.75, 0.75 L

5 14.35÷7＝2.05

8 (쓰레기통 사이의 간격 수)＝(쓰레기통 수)－1
　　　　　　　　　　　＝3－1＝2(군데)
　(쓰레기통 사이의 간격)＝2.14÷2
　　　　　　　　　　　＝1.07 (km)

12 ㉠ $16 \div 5 = 3.2 > 3$

㉡ $9 \div 4 = 2.25 < 3$

14 (원의 지름)=(선분 ㄱㄴ)÷2

$= 17 \div 2 = 8.5$ (cm)

15 $72 \div 5 = 14.4$ (cm)

16 (한 명에게 나누어 주는 매실액의 양)

=(전체 매실액의 양)÷(친구 수)

$= 9 \div 12 = 0.75$ (L)

72~74쪽 TEST **3단원 평가**

1
$$
\begin{array}{r}
1.6.5 \\
5\,)\,\overline{8.2\;5} \\
\underline{5} \\
3\;2 \\
\underline{3\;0} \\
2\;5 \\
\underline{2\;5} \\
0
\end{array}
$$

2 25, 5, 5

3 (1) 26.2, 2.62　(2) 12.4, 1.24

4 612, 612, 68, 0.68

5 (1) 2.15　(2) 5.07　**6** (1) 1.43　(2) 1.05

7 (위에서부터) 311, $\frac{1}{10}$, 31.1, $\frac{1}{100}$, 3.11

8 3.15　**9** 2.31

10 $\frac{380}{10} \div 5 = \frac{380 \div 5}{10} = \frac{76}{10} = 7.6$

11
$$
\begin{array}{r}
9.0\,4 \\
5\,)\,\overline{4\,5.2\;0} \\
\underline{4\;5} \\
2\;0 \\
\underline{2\;0} \\
0
\end{array}
$$

12 ( )(○)(○)　**13** 8.02 cm

14 $9.93 \div 3 = 3.31$, 3.31 m

15 ㉡

16 $80.4 \div 8 = 10.05$, 10.05 km

17 9.24 cm　**18** 1.95 m

19 4.5 cm²　**20** $2.34 \div 6$ / 0.39

2 소수 25.3을 반올림하여 자연수로 나타내면 25입니다.

---

3 나누는 수가 같을 때 나누어지는 수가 $\frac{1}{10}$배, $\frac{1}{100}$배가

되면 몫도 $\frac{1}{10}$배, $\frac{1}{100}$배가 됩니다.

6 (1)
$$
\begin{array}{r}
1.4\,3 \\
8\,)\,\overline{1\,1.4\;4} \\
\underline{8} \\
3\;4 \\
\underline{3\;2} \\
2\;4 \\
\underline{2\;4} \\
0
\end{array}
$$
(2)
$$
\begin{array}{r}
1.0\,5 \\
4\,)\,\overline{4.2\;0} \\
\underline{4} \\
2\;0 \\
\underline{2\;0} \\
0
\end{array}
$$

9 ♥÷★$= 9.24 \div 4 = 2.31$

10 $38 = 38.0$이므로 38을 $\frac{380}{10}$으로 나타낼 수 있습니다.

11 수를 하나 내려도 나누어야 할 수가 나누는 수보다 작은 경우 몫에 0을 쓰고 수를 하나 더 내려 계산해야 합니다.

12 나누어지는 수가 나누는 수보다 크면 몫이 1보다 크고, 나누어지는 수가 나누는 수보다 작으면 몫이 1보다 작 습니다.

13 (가로)=(직사각형의 넓이)÷(세로)

$= 40.1 \div 5 = 8.02$ (cm)

14 (승강기가 1초 동안 올라가는 거리)

=(3초 동안 올라가는 거리)÷3

$= 9.93 \div 3 = 3.31$ (m)

15 ㉠ $13 \div 5 = 2.6$　㉡ $11 \div 4 = 2.75$

➜ $2.6 < 2.75$

16 (휘발유 1 L로 갈 수 있는 거리)

=(간 거리)÷(휘발유의 양)

$= 80.4 \div 8 = 10.05$ (km)

17 (삼각뿔의 모서리의 수)=6개

(삼각뿔의 한 모서리)$= 55.44 \div 6$

$= 9.24$ (cm)

18 (나무 사이의 간격 수)$= 9 - 1 = 8$(군데)

따라서 나무 사이의 간격은 $15.6 \div 8 = 1.95$ (m)입니다.

19 색칠된 부분은 정삼각형을 8등분 한 것 중의 1입니다.

➜ (색칠된 부분의 넓이)$= 36 \div 8 = 4.5$ (cm²)

20 몫이 가장 작은 나눗셈을 만들려면 나누어지는 수를 가 장 작게, 나누는 수를 가장 크게 해야 합니다.

➜ $2.34 \div 6 = 0.39$

4 비와 비율

78~79쪽 1단계 개념 빠삭

예제 문제 **1** 20, 20 **2** 3, 3

개념 집중 연습

1 6 / 4, 4　　　　　　**2** 6 / 2, 2

3 8 / 3, 8, 4　　　　　　**4** (위에서부터) 5, 16 / 4

5 32, 40　　　　　　　　**6** 3

개념 집중 연습

4 $4÷1=4, 8÷2=4, 12÷3=4, 16÷4=4,$
$20÷5=4$

5 $12-4=8, 24-8=16, 36-12=24,$
$48-16=32, 60-20=40$

6 $12÷4=3, 24÷8=3, 36÷12=3,$
$48÷16=3, 60÷20=3$

80~81쪽 1단계 개념 빠삭

예제 문제 **1** 8, 8, 8, 3　　　　　**2** (○)(　)

개념 집중 연습

1 (1) 5, 6 (2) 6, 5　　　**2** (1) 7, 10 (2) 7, 10

3 (　)(○)(○)　　　　　**4** 3, 8

5 6, 8　　　　　　　　　**6** 4, 6

7 24 : 13　　　　　　　 **8** 17 : 9

9 20 : 11　　　　　　　 **10** 34 : 25

개념 집중 연습

3 8 : 3 ➡ 8 대 3, 8과 3의 비, 8의 3에 대한 비,
3에 대한 8의 비

4 (색칠한 칸 수) : (전체 칸 수) ➡ 3 : 8

5 (색칠한 칸 수) : (전체 칸 수) ➡ 6 : 8

6 (색칠한 칸 수) : (전체 칸 수) ➡ 4 : 6

82~83쪽 2단계 익힘책 빠삭

1 4　　　　　　　　**2** (1) 6, 4, 8 (2) 3

3 (1) × (2) ○

4 (위에서부터) 2000, 300, 400

5 (1) 1600 (2) 5

6 $6-3=\boxed{3}$ 이므로 가로는 $\boxed{세로}$ 보다 $\boxed{3}$ 칸 더 깁니다.
/ $6÷3=\boxed{2}$ 이므로 가로는 세로의 $\boxed{2}$ 배입니다.

7 다릅니다에 ○표　　　　**8** 7 : 4

9 4 : 7　　　　　　　**10** (1) 15 : 6 (2) 6 : 15

11 서아

12 예

13 예 행운 반의 전체 학생 수에 대한 행운 반의 여학생 수의 비

3 (1) $3-1=2, 6-2=4, 9-3=6, 12-4=8, ...$로 성냥개비 수와 삼각형 수를 뺄셈으로 비교하면 관계가 변합니다.

10 (1) (칫솔 수) : (치약 수)$=15 : 6$
　　(2) (치약 수) : (칫솔 수)$=6 : 15$

11
$7 : 25 ➡$
┌ 7 대 25
├ 7과 25의 비
├ 7의 25에 대한 비
└ 25에 대한 7의 비

84~85쪽 1단계 개념 빠삭

예제 문제 **1** (1) 5, 4 (2) 2, 9

2 7, 0.7, 7, 0.7

개념 집중 연습

1 $30, 99, \dfrac{30}{99}\left(=\dfrac{10}{33}\right)$　　**2** $12, 10, \dfrac{12}{10}\left(=\dfrac{6}{5}=1\dfrac{1}{5}\right)$

3 8, 16, 0.5　　　　　　**4** 15, 20, 0.75

5 $\dfrac{2}{5}, 0.4$　　　　　　　**6** $\dfrac{9}{15}\left(=\dfrac{3}{5}\right), 0.6$

7 $\dfrac{18}{40}\left(=\dfrac{9}{20}\right), 0.45$　　**8** $\dfrac{7}{35}\left(=\dfrac{1}{5}\right), 0.2$

개념 집중 연습

3 (비율)=(비교하는 양)÷(기준량)=8÷16=0.5

4 (비율)=15÷20=0.75

5 2:5 ➡ (비율)=2÷5=$\frac{2}{5}$=0.4

6 9:15 ➡ (비율)=9÷15=$\frac{9}{15}$=$\frac{3}{5}$=0.6

7 18:40 ➡ (비율)=18÷40=$\frac{18}{40}$=$\frac{9}{20}$=0.45

8 7:35 ➡ (비율)=7÷35=$\frac{7}{35}$=$\frac{1}{5}$=0.2

86~87쪽 **1**단계 **개념** 빠삭

예제 문제

1 (1) $\frac{7}{30}$ (2) $\frac{94}{2}$ (3) $\frac{1000}{5}$ (4) $\frac{600}{900}$

개념 집중 연습

1 11, $\frac{11}{20}$ **2** 17, $\frac{17}{25}$

3 160, $\frac{160}{4}\left(=\frac{80}{2}\right)$ **4** 210, $\frac{210}{3}$

5 $\frac{6000}{2}$(=3000) **6** $\frac{9900}{11}$(=900)

7 $\frac{3000}{9000}\left(=\frac{1}{3}\right)$ **8** $\frac{800}{6400}\left(=\frac{1}{8}=0.125\right)$

9 $\frac{24000}{6}$(=4000) **10** $\frac{15000}{15}$(=1000)

개념 집중 연습

5 (비율)=6000÷2=$\frac{6000}{2}$=3000

7 (비율)=3000÷9000=$\frac{3000}{9000}$=$\frac{1}{3}$

8 (비율)=800÷6400=$\frac{800}{6400}$=$\frac{1}{8}$=0.125

9 (비율)=24000÷6=$\frac{24000}{6}$=4000

88~89쪽 **2**단계 **익힘책** 빠삭

1 기준량 **2** (1) 비, 기 (2) 기, 비

3 ( )(◯) **4** $\frac{7}{12}$

5 (선 연결) **6** (1) $\frac{2}{5}$ (2) 2.5

7 0.75

8 (1) 넓이, 인구에 ◯표 (2) $\frac{2160}{8}$(=270)

9 $\frac{60}{240}\left(=\frac{1}{4}\right)$ **10** $\frac{25}{40}\left(=\frac{5}{8}\right)$

11 (1) $\frac{8000}{20}$(=400) / $\frac{7500}{15}$(=500) (2) ㉠

12 (1) $\frac{470}{5}$(=94), $\frac{360}{4}$(=90) (2) 가

13 16

3 (비율)=12÷28=$\frac{12}{28}$=$\frac{3}{7}$

4 (비율)=(세로)÷(가로)=$\frac{(세로)}{(가로)}$=$\frac{7}{12}$

5 • 5의 10에 대한 비 ➡ 5:10 ➡ (비율)=$\frac{5}{10}$=0.5

• 15에 대한 3의 비 ➡ 3:15 ➡ (비율)=$\frac{3}{15}$=$\frac{1}{5}$

• 8:20 ➡ (비율)=$\frac{8}{20}$=$\frac{4}{10}$=0.4

6 (1) (비율)=$\frac{(일주일\ 중\ 주말\ 날수)}{(일주일\ 중\ 평일\ 날수)}$=$\frac{2}{5}$

(2) (비율)=$\frac{(일주일\ 중\ 평일\ 날수)}{(일주일\ 중\ 주말\ 날수)}$=$\frac{5}{2}$=2.5

7 삼각형의 밑변은 4 cm, 높이는 3 cm이므로 밑변에 대한 높이의 비는 3:4입니다. ➡ (비율)=$\frac{3}{4}$=0.75

8 (1) 기준량은 넓이이고, 비교하는 양은 인구입니다.

(2) (비율)=2160÷8=$\frac{2160}{8}$=270

9 (비율)=(설탕 양)÷(설탕물 양)

=$\frac{(설탕\ 양)}{(설탕물\ 양)}$=$\frac{60}{240}$=$\frac{1}{4}$

10 (비율)=$\frac{(골을\ 넣은\ 횟수)}{(전체\ 공을\ 찬\ 횟수)}$=$\frac{25}{40}$=$\frac{5}{8}$

정답과 해설

11 (1) (비율)$=\dfrac{(가격)}{(복숭아의 개수)}$

(2) 400<500이므로 복숭아가 더 저렴한 가게는 ㉠ 가게입니다.

12 (1) (비율)$=\dfrac{(거리)}{(연료 양)}$

(2) 94>90이므로 같은 연료로 가 자동차가 더 멀리 갈 수 있습니다.

13 28명의 $\dfrac{4}{7}$만큼을 계산하면 $28\times\dfrac{4}{7}=16$(명)입니다.

90~91쪽 단계 **개념 빠삭**

예제 문제   **1** (1) 100, %   (2) 19 %, 19 퍼센트

2 (1) 100, 35, 35   (2) 100, 40, 40

개념 집중 연습

1 47	**2** 63
3 52	**4** 60
5 45	**6** 48
7 ×	**8** ○
9 24	**10** 72
11 54	**12** 39
13 41	**14** 6

개념 집중 연습

1 전체 100칸 중에서 색칠한 부분은 47칸입니다.

➜ $\dfrac{47}{100}=47$ %

2 전체 100칸 중에서 색칠한 부분은 63칸입니다.

➜ $\dfrac{63}{100}=63$ %

3 전체 100칸 중에서 색칠한 부분은 52칸입니다.

➜ $\dfrac{52}{100}=52$ %

4 전체 25칸 중에서 색칠한 부분은 15칸입니다.

➜ $\dfrac{15}{25}\times100=60$ ➜ 60 %

5 전체 20칸 중에서 색칠한 부분은 9칸입니다.

➜ $\dfrac{9}{20}\times100=45$ ➜ 45 %

6 전체 25칸 중에서 색칠한 부분은 12칸입니다.

➜ $\dfrac{12}{25}\times100=48$ ➜ 48 %

7 $\dfrac{1}{4}=\dfrac{25}{100}=25$ %

8 $\dfrac{2}{5}=\dfrac{40}{100}=40$ %

9 $\dfrac{24}{100}=24$ %

10 $\dfrac{18}{25}\times100=72$ ➜ 72 %

11 $\dfrac{27}{50}\times100=54$ ➜ 54 %

12 $0.39\times100=39$ ➜ 39 %

13 $0.41\times100=41$ ➜ 41 %

14 $0.06\times100=6$ ➜ 6 %

92~93쪽 단계 **개념 빠삭**

예제 문제   **1** 150, 30, 30

2 (1) $\dfrac{20}{100}$ (2) 20, 400

개념 집중 연습

1 25	**2** 10
3 40	**4** 60
5 60 %, 24 %	**6** 20
7 25	**8** 1800
9 600	

개념 집중 연습

1 (할인 금액)$=4000-3000=1000$(원)

할인율: $\dfrac{1000}{4000}\times100=25$ ➜ 25 %

2 (할인 금액)$=3000-2700=300$(원)

할인율: $\dfrac{300}{3000}\times100=10$ ➜ 10 %

3 (할인 금액)=2500−1500=1000(원)

할인율: $\dfrac{1000}{2500}\times100=40$ ➡ 40 %

4 (할인 금액)=600−240=360(원)

할인율: $\dfrac{360}{600}\times100=60$ ➡ 60 %

5 (가 후보의 득표율)=$\dfrac{15}{25}\times100=60$ ➡ 60 %

(나 후보의 득표율)=$\dfrac{6}{25}\times100=24$ ➡ 24 %

6 $\dfrac{400}{2000}\times100=20$ ➡ 20 %

7 $\dfrac{900}{3600}\times100=25$ ➡ 25 %

8 $6000\times\dfrac{30}{100}=1800$(원)

9 $4000\times\dfrac{15}{100}=600$(원)

---

3 전체 5칸 중에서 색칠한 부분이 2칸이므로 비율로 나타내면 $\dfrac{2}{5}$이고, 백분율로 나타내면

$\dfrac{2}{5}\times100=40$ ➡ 40 %입니다.

4 ・$\dfrac{13}{20}=\dfrac{65}{100}=0.65$, $\dfrac{13}{20}\times100=65$ ➡ 65 %

・$0.08=\dfrac{8}{100}=\dfrac{2}{25}$, $0.08\times100=8$ ➡ 8 %

5 $\dfrac{21}{25}\times100=84$ ➡ 84 %

6 ㉠ $\dfrac{3}{5}\times100=60$ ➡ 60 %

㉢ $0.7\times100=70$ ➡ 70 %

따라서 60 % < 64 % < 70 %이므로

㉠ $\dfrac{3}{5}$ < ㉡ 64 % < ㉢ 0.7입니다.

8 (1) 7000−4900=2100(원)

(2) $\dfrac{2100}{7000}\times100=30$ ➡ 30 %

9 (1) 42만−40만=2만 (원)

(2) $\dfrac{2만}{40만}\times100=5$ ➡ 5 %

10 2 %를 분수로 나타내면 $\dfrac{2}{100}$입니다.

➡ (은수가 1년 뒤 받게 될 이자)

$=300000\times\dfrac{2}{100}=6000$(원)

11 (유찬이네 반의 체험 학습 참가율)

$=\dfrac{(참가\ 학생\ 수)}{(반\ 학생\ 수)}\times100=\dfrac{13}{20}\times100=65$ ➡ 65 %

따라서 67 % > 65 %이므로 지안이네 반의 체험 학습 참가율이 더 높습니다.

12 (1) 주혁이네 집에 있는 책의 25 %가 75권이므로 주혁이네 집에 있는 책 수의 1 %는 75권을 25로 나누어서 구합니다.

➡ ㉠=75÷25=3(권)

(2) 주혁이네 집에 있는 책 수의 1 %가 3권이므로 전체 책 수를 구하려면 3권에 100을 곱해야 합니다.

➡ ㉡=3×100=300(권)

참고

전체를 나타내는 백분율은 100 %입니다.

94~95쪽 2단계 익힘책 빠삭

1 (1) 38 % (2) 57 % (3) 75 %

2 60 / $\dfrac{3}{5}$, 60, 60 / $\dfrac{3}{5}$, 60, 60

3 40 %

4 (위에서부터) 0.65, 65 % / $\dfrac{8}{100}\left(=\dfrac{2}{25}\right)$, 8 %

5 84 %　　　　　**6** ㉠, ㉡, ㉢

7 (1) 200, 150, 50 (2) 50, 25, 25

8 (1) 2100원 (2) 30 %

9 (1) 2만 원 (2) 5 %　　**10** 6000원

11 지안　　　　　**12** (1) 3권 (2) 300권

1 (1) $\dfrac{19}{50}\times100=38$ ➡ 38 %

(2) $0.57\times100=57$ ➡ 57 %

(3) $\dfrac{3}{4}\times100=75$ ➡ 75 %

2 방법1 $5\times20=100$ ➡ $3\times20=60$

1 3, 2　　**2** 8, 4

3 5 : 2

4 (1) 100, 52, 52　(2) 100, 64, 64

5 예

6 (위에서부터) 27, 36 / 9, 12

7 (1) 18, 24　(2) 3

8 (1) $\dfrac{6}{4}\left(=\dfrac{3}{2}=1\dfrac{1}{2}=1.5\right)$　(2) $\dfrac{6}{10}\left(=\dfrac{3}{5}=0.6\right)$

9 ③　　　　　　　**10** 40 %

11 ✕(교차)

12 ㉡

13 $\dfrac{195}{3}(=65)$　　**14** $\dfrac{80}{260}\left(=\dfrac{4}{13}\right)$

15 60 %　　　　　**16** 은우

17 (　　)(○)(　　)　**18** 13 : 28

19 20 %　　　　　**20** 파랑 마을

2
비교하는 양 $\overset{8\ :\ 4}{\underset{\ }{\rule{0pt}{0pt}}}$ 기준량

3 (양파 수) : (감자 수)＝5 : 2

5 (색칠한 칸 수) : (전체 칸 수)＝6 : 8이므로 전체 8칸 중에서 6칸을 색칠합니다.

7 (1) 27－9＝18, 36－12＝24
　　(2) 9÷3＝3, 18÷6＝3, 27÷9＝3, 36÷12＝3, …

8 (1) (초콜릿 맛 도넛 수) : (딸기 맛 도넛 수)
　　　➡ 6 : 4 ➡ $\dfrac{6}{4}=\dfrac{3}{2}=1\dfrac{1}{2}=1.5$
　　(2) (초콜릿 맛 도넛 수) : (전체 도넛 수)
　　　➡ 6 : 10 ➡ $\dfrac{6}{10}=\dfrac{3}{5}=0.6$

9 ③ 14의 9에 대한 비 ➡ 14 : 9

10 전체 25칸 중에서 색칠한 부분은 10칸이므로 비율로
　　나타내면 $\dfrac{10}{25}$입니다. ➡ $\dfrac{10}{25}\times100=40$ ➡ 40 %

11 $0.34\times100=34$ ➡ 34 %, $\dfrac{75}{100}\times100=75$ ➡ 75 %
　　$\dfrac{8}{20}\times100=40$ ➡ 40 %

12 ㉠ 6과 12의 비 ➡ 6 : 12 ➡ (비율)＝$\dfrac{6}{12}=\dfrac{1}{2}=0.5$

13 (비율)＝$195\div3=\dfrac{195}{3}=65$

14 (레몬즙 양) : (탄산수 양)＝80 : 260
　　➡ $\dfrac{80}{260}\left(=\dfrac{4}{13}\right)$

15 (성공률)＝$\dfrac{(\text{과녁에 맞힌 횟수})}{(\text{화살을 쏜 횟수})}$
　　＝$\dfrac{12}{20}=\dfrac{60}{100}=60$ %

16 민재 ➡ $0.89=\dfrac{89}{100}$
　　➡ 기준량: 100, 비교하는 양: 89
　　은우 ➡ 105 %＝$\dfrac{105}{100}$
　　➡ 기준량: 100, 비교하는 양: 105

17 비율을 백분율로 나타내 비교합니다.
　　0.42 ➡ $0.42\times100=42$ ➡ 42 %
　　$\dfrac{2}{5}$ ➡ $\dfrac{2}{5}\times100=40$ ➡ 40 %
　　따라서 43 %＞42 %＞40 %이므로 비율이 가장 큰 것은 43 %입니다.

> **주의**
> 비율을 분수, 소수, 백분율 중 한 가지로 통일하여 크기를 비교합니다.

18 (방과 후 활동에 참여하지 않은 학생 수)
　　＝28－15＝13(명)
　　(방과 후 활동에 참여하지 않은 학생 수) : (전체 학생 수)
　　➡ 13 : 28

19 (할인 금액)＝15000－12000＝3000(원)
　　할인율: $\dfrac{3000}{15000}\times100=20$ ➡ 20 %

20 (초록 마을의 넓이에 대한 인구의 비율)＝$\dfrac{6640}{8}=830$
　　(파랑 마을의 넓이에 대한 인구의 비율)＝$\dfrac{11700}{13}=900$
　　➡ 830＜900이므로 인구가 더 밀집한 곳은 파랑 마을입니다.

> **참고**
> (넓이에 대한 인구의 비율)＝$\dfrac{(\text{인구})}{(\text{넓이})}$

5 자료와 여러 가지 그래프

예제 문제 **1** 1000, 100　　　　**2** 1, 2100

개념 집중 연습

1 10만, 1만　　　　**2** 31만
3 광주·전라
4 320000, 60000 /

　　　서울·인천·경기　　강원
　　　대전·세종·충청
　　　　　　　　대구·부산
　　　　　　　　·울산·경상　　동해
　　　광주·전라
　　　　　　제주

👤 10만 명
👤 1만 명
(출처: 통계청, 2016.)

개념 집중 연습

2 10만 t을 나타내는 그림이 3개, 1만 t을 나타내는 그림이 1개이므로 31만 t입니다.

3 배추 생산량이 가장 많은 권역은 10만 t을 나타내는 그림이 가장 많은 광주·전라 권역입니다.

4 • 서울·인천·경기: 320731 ➡ 320000
　 • 대구·부산·울산·경상: 64802 ➡ 60000

예제 문제 **1** 띠그래프　**2** (1) ◯ (2) ×

개념 집중 연습

1 40, 40 / 25, 25　　　**2** 40, 25
3 50, 50 / 20, 20 / 5, 10, 10
4 50, 20, 10　　　　　**5** 3
6 음악 감상

개념 집중 연습

5 기타에는 다른 것에 비해 자료의 수가 적은 악기 연주, 요리, 그림 그리기가 포함됩니다.

예제 문제 **1** 원그래프　　　　**2** 15
3 (1) × (2) ◯

개념 집중 연습

1 35, 35 / 15, 15 / 8, 20, 20
2 (위에서부터) 20, 15, 35
3 옷
4 25, 25 / 8, 20, 20 / 4, 10, 10
5 (위에서부터) 10, 20, 25
6 불고기

1 16, 6, 1, 6

2

국가	배출량
인도	🟡🟡
중국	🟡🟡🟡🟡🟡🟡
오스트레일리아	🟡🟡🟡🟡🟡🟡
러시아	🟡

🟡 이산화탄소 10 t　🟡 이산화탄소 1 t

3 ◯
4 24000, 17000, 10000, 22000

5

혈액형	사람 수
A형	😊😊😊😊😊😊
B형	😊😊😊😊😊
AB형	😊
O형	😊😊😊😊😊

😊1만 명　😊1천 명

6 A형　　　　　　　**7** 30명
8 (위에서부터) 6, 3 / 40, 40 / 30, 30 / 6, 20, 20 / 3, 10, 10
9 40, 30, 20, 10
10 15, 50, 50 / 6, 20, 20 / 3, 10, 10
11 50, 20, 10
12 노랑　　　　　　**13** 빨강
14 감자　　　　　　**15** 고구마
16 2배　　　　　　 **17** 15 km²
18 18 / 10, 25, 25 / 8, 20, 20 / 4, 10, 10

19 (위에서부터) 10, 20, 25

20 강아지　　**21** 45, 30, 15

22 45, 30, 15 / (왼쪽부터) 15, 30, 45

23 3배　　**24** ㉠, ㉡

25 20명

26 ⓓ 가장 많은 학생이 좋아하는 문화재는 무엇인가요? / 첨성대

3 자료를 그림그래프로 나타내면 항목별 많고 적음을 그림으로 한눈에 알 수 있습니다.

4 혈액형별 사람 수를 반올림하여 천의 자리까지 나타내면
A형: 24205 → 24000, B형: 16850 → 17000,
AB형: 10037 → 10000, O형: 21601 → 22000
입니다.

5 ☺은 1만 명, ☺은 1천 명을 나타냅니다.

6 ☺의 수가 가장 많은 A형과 O형 중에서 ☺의 수가 더 많은 A형이 사람 수가 가장 많습니다.

7 조사한 학생 수는 합계와 같으므로 30명입니다.

8 기타에는 다른 것에 비해서 자료의 수가 적은 배구와 테니스가 포함됩니다.
➡ 기타: 2+1=3(명)

12 파랑을 좋아하는 학생 수의 비율인 20 %와 비율이 같은 색깔은 노랑입니다.

13 파랑을 좋아하는 학생 수의 비율인 20 %보다 비율이 높은 색깔은 빨강입니다.

14 띠그래프에서 띠의 길이가 가장 긴 부분을 찾으면 감자입니다.

15 띠그래프에서 띠의 길이가 두 번째로 긴 부분을 찾으면 고구마입니다.

16 감자: 28 %, 콩: 14 % ➡ 28÷14=2(배)

17 ㉮ 지역의 밭 전체의 넓이(100 %)는 옥수수를 심은 밭의 넓이(20 %)의 100÷20=5(배)입니다.
➡ (㉮ 지역의 밭 전체의 넓이)=3×5=15 (km²)

20 원그래프에서 차지하는 부분이 가장 넓은 동물을 찾으면 강아지입니다.

21 치킨: $\frac{9}{20}×100=45$ ➡ 45 %

피자: $\frac{6}{20}×100=30$ ➡ 30 %

햄버거: $\frac{3}{20}×100=15$ ➡ 15 %

23 치킨을 좋아하는 학생 수(45 %)는 햄버거를 좋아하는 학생 수(15 %)의 45÷15=3(배)입니다.

24 ㉡ 꺾은선그래프에 대한 설명입니다.

25 기타에 속하는 학생 수(4 %)는 화성을 좋아하는 학생 수(20 %)의 $\frac{4}{20}=\frac{1}{5}$(배)입니다.

따라서 기타에 속하는 학생은 $100×\frac{1}{5}=20$(명)입니다.

📏 개념 빠삭

112~113쪽 단계

예제 문제　**1** 20, 5　　**2** 20, 5, 100

3

0 10 20 30 40 50 60 70 80 90 100 (%)
배 (40 %) ｜ 포도 (35 %) ｜ 귤 (20 %)
사과(5 %)

개념 집중 연습

1 30, 30 / 10, 10　　**2** 100

3

0 10 20 30 40 50 60 70 80 90 100 (%)
바다 (35 %) ｜ 박물관 (25 %) ｜ 동물원 (30 %) ｜ 기타 (10 %)

4 25, 25 / 20, 20 / 10, 10

5 100

6

0 10 20 30 40 50 60 70 80 90 100 (%)
약국 (45 %) ｜ 병원 (25 %) ｜ 한의원 (20 %) ｜ 기타 (10 %)

7

0 10 20 30 40 50 60 70 80 90 100 (%)
수영 (35 %) ｜ 태권도 (30 %) ｜ 발레 (20 %) ｜ 기타 (15 %)

예제 문제

1 귤: $\frac{4}{20}×100=20$ ➡ 20 %

사과: $\frac{1}{20}×100=5$ ➡ 5 %

개념 집중 연습

2 (합계)=35+25+30+10=100 (%)

1단계 개념 빠삭 114~115쪽

예제 문제 **1** 20, 10 **2**

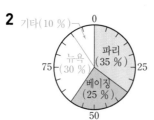

개념 집중 연습

1 30, 30 / 10, 10 **2**

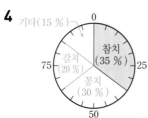

3 30, 30 / 20, 20 / 15, 15 **4**

5 **6**

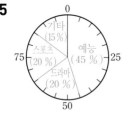

5 백분율의 크기만큼 원을 나누고 각 항목의 내용과 백분율을 씁니다.

주의
원의 중심을 지나도록 선을 그어야 합니다.

2단계 익힘책 빠삭 116~117쪽

1
0 10 20 30 40 50 60 70 80 90 100 (%)
줄넘기 (50 %) / 축구 (25 %) / 피구 (15 %) / 기타 (10%)

2
0 10 20 30 40 50 60 70 80 90 100 (%)
여행 (35 %) / 독서 (30 %) / 운동 (25 %) / 기타 (10%)

3 35, 10, 100

4
0 10 20 30 40 50 60 70 80 90 100 (%)
책 (25 %) / 장난감 (15 %) / 학용품 (35 %) / 옷 (15 %) / 기타 (10%)

---

5 휴대 전화 사용 시간별 학생 수 / 25, 30, 30

6 휴대 전화 사용 시간별 학생 수
0 10 20 30 40 50 60 70 80 90 100 (%)
1시간 미만 (15 %) / 1시간 이상 2시간 미만 (25 %) / 2시간 이상 3시간 미만 (30 %) / 3시간 이상 (30 %)

7 × **8** 35, 20, 5, 100

9 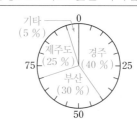 **10** 많습니다.

11 선우

12 60, 50

13 30, 25, 100

14 수학여행으로 가고 싶은 지역별 학생 수
0 10 20 30 40 50 60 70 80 90 100 (%)
경주 (40 %) / 부산 (30 %) / 제주도 (25 %) / 기타

15 수학여행으로 가고 싶은 지역별 학생 수

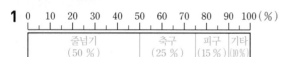

---

1 백분율의 크기만큼 띠를 나누고 각 항목의 내용과 백분율을 씁니다.

3 학용품: $\dfrac{70}{200} \times 100 = 35$ ➡ 35 %

기타: $\dfrac{20}{200} \times 100 = 10$ ➡ 10 %

(합계) = 25 + 15 + 35 + 15 + 10 = 100 (%)

7 하루 동안 휴대 전화 사용 시간이 2시간 이상 3시간 미만인 학생 수는 30 %이므로 전체 학생 수의 $\dfrac{30}{100}\left(=\dfrac{3}{10}\right)$배입니다.

8 선우: $\dfrac{28}{80} \times 100 = 35$ ➡ 35 %

영희: $\dfrac{16}{80} \times 100 = 20$ ➡ 20 %

경수: $\dfrac{4}{80} \times 100 = 5$ ➡ 5 %

(합계) = 15 + 25 + 35 + 20 + 5 = 100 (%)

9 백분율의 크기만큼 원을 나누고 각 항목의 내용과 백분율을 씁니다.

11 득표수가 가장 많은 선우가 6학년 대표가 됩니다.

13 부산: $\frac{60}{200} \times 100 = 30$ ➡ 30 %

제주도: $\frac{50}{200} \times 100 = 25$ ➡ 25 %

(합계) = 40 + 30 + 25 + 5 = 100 (%)

118~119쪽 단계 개념 빠삭

예제 문제 **1** 세종대왕에 ○표

2 $1.5\left(= \frac{3}{2} = 1\frac{1}{2}\right)$

개념 집중 연습

1 30 **2** 2

3 60000 **4** 60

5 $1.6\left(= \frac{8}{5} = 1\frac{3}{5}\right)$ **6** 140

7 × **8** ○

예제 문제

1 원그래프에서 차지하는 부분이 가장 넓은 위인을 찾으면 세종대왕입니다.

개념 집중 연습

3 유민이의 한 달 용돈(100 %)은 교통비(25 %)의
$100 \div 25 = 4$(배)입니다.
따라서 유민이의 한 달 용돈은 $15000 \times 4 = 60000$(원)입니다.

4 휴게실: 32 %, 체력단련실: 28 %
➡ $32 + 28 = 60$ (%)

5 $32 \div 20 = 1.6\left(= \frac{8}{5} = 1\frac{3}{5}\right)$(배)

6 체력단련실을 희망하는 학생 수(28 %)는 놀이 체험실을 희망하는 학생 수(14 %)의 $28 \div 14 = 2$(배)입니다.
따라서 체력단련실을 희망하는 학생은
$70 \times 2 = 140$(명)입니다.

7 나 제품의 판매량의 비율만 알 수 있습니다.

8 가 제품의 판매량의 비율이 2018년에 13 %, 2019년에 17 %, 2020년에 19 %로 점점 늘어나고 있습니다.

120~121쪽 단계 개념 빠삭

예제 문제 **1** 꺾은선그래프에 ○표

2 ╲╱

개념 집중 연습

1 (위에서부터) 500, 40

2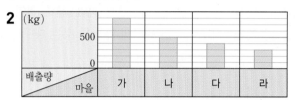

3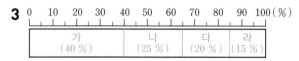

4 (위에서부터) 6 / 20, 25, 15

5

구	인구수
북구	😊😊😊😊😊😊
남구	🙂😊😊😊😊😊
동구	🙂
서구	😊😊😊😊🙂

😊10만 명 🙂1만 명

6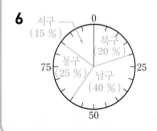

개념 집중 연습

1 나 마을의 음식물 쓰레기 배출량:
$2000 - 800 - 400 - 300 = 500$ (kg)

가 마을: $\frac{800}{2000} \times 100 = 40$ ➡ 40 %

4 서구의 인구수: $40 - (8 + 16 + 10) = 6$(만 명)

북구: $\frac{8}{40} \times 100 = 20$ ➡ 20 %

동구: $\frac{10}{40} \times 100 = 25$ ➡ 25 %

서구: $\frac{6}{40} \times 100 = 15$ ➡ 15 %

5 😊은 10만 명, 🙂은 1만 명을 나타냅니다.

1 40 % **2** 박물관
3 채원 **4** 40명
5 30 % **6** 55 %
7 75만 원(또는 750000원)
8 소윤 **9** 그림그래프, 원그래프
10 3600개 **11** 강원 권역, 제주 권역
12 예 대전·세종·충청 권역의 유치원 수는 대구·

부산·울산·경상 권역의 유치원 수의 $\frac{1}{2}(=0.5)$

배입니다.
13 막대그래프, 꺾은선그래프, 띠그래프
14 (다) **15** (나)
16 (1) 꺾은선그래프
  (2) 예 그림그래프, 막대그래프

3 기태네 반은 가장 많은 학생이 가고 싶은 문화 유적지로 체험 학습을 갈 것으로 예상됩니다.

4 기태네 반 학생 수(100 %)는 목장에 가고 싶은 학생 수(20 %)의 100÷20＝5(배)입니다.
따라서 기태네 반 학생은 모두 8×5＝40(명)입니다.

5 저축: 20 %, 공과금: 10 % ➡ 20＋10＝30 (%)

6 식품비: 30 %, 교육비: 25 % ➡ 30＋25＝55 (%)

7 저축으로 사용한 금액(25 %)은 전체 생활비(100 %)의

$\frac{25}{100}=\frac{1}{4}$(배)입니다. ➡ $300×\frac{1}{4}=75$만 (원)

8 민지네 집의 생활비 중에서 저축으로 사용한 금액보다 공과금으로 사용한 금액이 더 적습니다.

참고
기타는 금액이 적은 쓰임새를 둘 이상 묶어 놓은 것이므로 공과금으로 사용한 금액보다 더 적은 것이 있습니다.

10 (개) 그래프에서 유치원 수가 가장 많은 권역은 서울·인천·경기 권역이고 1000개 그림이 3개, 100개 그림이 6개이므로 3600개입니다.

11 (나) 그래프에서 대전·세종·충청 권역의 비율이 13 %이므로 비율이 13 %보다 작은 권역을 찾으면 강원 권역(4 %)과 제주 권역(2 %)입니다.

12 평가 기준
(나) 그래프를 보고 알 수 있는 내용을 썼으면 정답으로 합니다.

14 각 항목끼리의 비율을 비교하기 편리한 그래프는 띠그래프입니다.

15 시간에 따라 연속적으로 변화하는 모습을 쉽게 알 수 있는 그래프는 꺾은선그래프입니다.

1 45, 45, 35, 35, 15, 15, 5, 5
2 45, 35, 5 **3** A형
4 띠그래프, 원그래프에 ○표
5 5만 3천 명(또는 53000명)
6 대구·부산·울산·경상 권역
7 35, 30, 20, 15
8

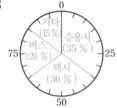

9 2배 **10** ㉠, ㉡, ㉣
11 34 % **12** 32 %
13 민재 **14** 220 g
15 $\frac{1}{2}(=0.5)$배
16 예 한 달 동안 읽은 책이 5권 이하인 학생이 가장 많습니다.
17 7.2시간 **18** 800 km²
19 (위에서부터) 120, 800 / 35, 30, 20, 15
20

0 10 20 30 40 50 60 70 80 90 100(%)

| 주택지 (35 %) | 논 (30 %) | 산림 (20 %) | 기타 (15 %) |

3 띠그래프에서 길이가 가장 긴 부분을 찾으면 A형입니다.

4 전체에 대한 각 부분의 비율을 알 수 있는 그래프를 찾으면 띠그래프와 원그래프입니다.

5 1만 명을 나타내는 그림이 5개, 1천 명을 나타내는 그림이 3개이므로 서울·인천·경기 권역의 경찰관은 5만 3천 명(또는 53000명)입니다.

6 1만 명을 나타내는 그림이 두 번째로 많은 대구·부산·울산·경상 권역의 경찰관 수가 두 번째로 많습니다.

7 승용차: $\dfrac{140}{400} \times 100 = 35$ ➡ 35 %

택시: $\dfrac{120}{400} \times 100 = 30$ ➡ 30 %

버스: $\dfrac{80}{400} \times 100 = 20$ ➡ 20 %

기타: $\dfrac{60}{400} \times 100 = 15$ ➡ 15 %

8 백분율의 크기만큼 원을 나누고 각 항목의 내용과 백분율을 씁니다.

9 택시: 30 %, 기타: 15 %
➡ $30 \div 15 = 2$(배)

12 지방: 20 %, 무기질: 12 %
➡ $20 + 12 = 32$ (%)

13 저녁 식단의 영양소 중 단백질의 비율이 가장 높습니다.

14 저녁 식단의 전체 영양소(100 %)는 탄수화물(25 %)의 $100 \div 25 = 4$(배)입니다.
따라서 저녁 식단의 전체 영양소는 $55 \times 4 = 220$ (g)입니다.

15 6~10권: 20 %, 5권 이하: 40 %
➡ $20 \div 40 = \dfrac{1}{2}(=0.5)$(배)

16 평가 기준
띠그래프를 보고 알 수 있는 내용을 썼으면 정답으로 합니다.

17 학교 생활 시간(30 %)은 독서 시간(15 %)의 $30 \div 15 = 2$(배)입니다.
따라서 학교 생활 시간은 $3.6 \times 2 = 7.2$(시간)입니다.

18 $280 + 240 + 160 + 60 + 60 = 800$ (km²)

19 기타의 넓이: $60 + 60 = 120$ (km²)

주택지: $\dfrac{280}{800} \times 100 = 35$ ➡ 35 %

논: $\dfrac{240}{800} \times 100 = 30$ ➡ 30 %

산림: $\dfrac{160}{800} \times 100 = 20$ ➡ 20 %

기타: $\dfrac{120}{800} \times 100 = 15$ ➡ 15 %

20 백분율의 크기만큼 띠와 원을 나누고 각 항목의 내용과 백분율을 씁니다.

---

6 직육면체의 부피와 겉넓이

 130~131쪽 단계 **개념** 빠삭

예제 문제 **1** (1) <, >, > (2) 없습니다에 ○표
2 2, 8 / 3, 12 / 8, 12, 나

개념 집중 연습

1 다   **2** 나
3 24, 24 / =   **4** 30, 32 / <
5 24, 18 / 가   **6** 16, 18 / 나
7 12, 32 / 나   **8** 30, 27 / 가

예제 문제

1 (1) 두 직육면체 가, 나의 가로, 세로, 높이를 직접 맞대어 비교해 봅니다.

개념 집중 연습

1 가, 나, 다의 세로와 높이가 모두 같으므로 가로를 비교하면 다>가>나입니다.
따라서 가로가 가장 긴 다의 부피가 가장 큽니다.

2 가, 나, 다의 가로와 세로가 모두 같으므로 높이를 비교하면 나>가>다입니다.
따라서 높이가 가장 높은 나의 부피가 가장 큽니다.

3 가: 한 층에 $2 \times 4 = 8$(개)씩 3층이므로 $8 \times 3 = 24$(개)
나: 한 층에 $2 \times 3 = 6$(개)씩 4층이므로 $6 \times 4 = 24$(개)

4 가: 한 층에 $3 \times 5 = 15$(개)씩 2층이므로 $15 \times 2 = 30$(개)
나 : 한 층에 $2 \times 4 = 8$(개)씩 4층이므로 $8 \times 4 = 32$(개)

5 가: 한 층에 $4 \times 2 = 8$(개)씩 3층이므로 $8 \times 3 = 24$(개)
나: 한 층에 $2 \times 3 = 6$(개)씩 3층이므로 $6 \times 3 = 18$(개)

6 가: 한 층에 $2 \times 2 = 4$(개)씩 4층이므로 $4 \times 4 = 16$(개)
나: 한 층에 $3 \times 3 = 9$(개)씩 2층이므로 $9 \times 2 = 18$(개)

7 가: 한 층에 $3 \times 2 = 6$(개)씩 2층이므로 $6 \times 2 = 12$(개)
나: 한 층에 $2 \times 4 = 8$(개)씩 4층이므로 $8 \times 4 = 32$(개)

8 가: 한 층에 $5 \times 3 = 15$(개)씩 2층이므로 $15 \times 2 = 30$(개)
나: 한 층에 $3 \times 3 = 9$(개)씩 3층이므로 $9 \times 3 = 27$(개)

1단계 개념 빠삭

예제 문제 **1** cm^3, 세제곱센티미터

2 2, 16, 16

개념 집중 연습

1 각설탕 　　　　　　**2** 주사위

3 (위에서부터) 6, 12 / 6, 12 / 2

4 (위에서부터) 8, 32 / 8, 32 / 4

5 48, 48 　　　　　　**6** 75, 75

7 36 　　　　　　　　**8** 42

개념 집중 연습

3 가: 한 층에 $2 \times 1 = 2$(개)씩 3층이므로 $2 \times 3 = 6$(개)
　　➡ $6 \ cm^3$
　나: 한 층에 $2 \times 2 = 4$(개)씩 3층이므로 $4 \times 3 = 12$(개)
　　➡ $12 \ cm^3$

4 가: 한 층에 $2 \times 2 = 4$(개)씩 2층이므로 $4 \times 2 = 8$(개)
　　➡ $8 \ cm^3$
　나: 한 층에 $4 \times 2 = 8$(개)씩 4층이므로 $8 \times 4 = 32$(개)
　　➡ $32 \ cm^3$

5 한 층에 $4 \times 3 = 12$(개)씩 4층이므로 $12 \times 4 = 48$(개)
　➡ $48 \ cm^3$

6 한 층에 $3 \times 5 = 15$(개)씩 5층이므로 $15 \times 5 = 75$(개)
　➡ $75 \ cm^3$

7 한 층에 $4 \times 3 = 12$(개)씩 3층이므로 $12 \times 3 = 36$(개)
　➡ $36 \ cm^3$

8 한 층에 $7 \times 2 = 14$(개)씩 3층이므로 $14 \times 3 = 42$(개)
　➡ $42 \ cm^3$

2단계 익힘책 빠삭

1 (1) 20개, 24개　(2) 나　**2** 나

3 가 　　　　　　　　**4** (○)(　)(　)

5 나, 가, 다 　　　　　**6** 96, 48, 가

7 $1 \ cm^3$, 1 세제곱센티미터

8 80, 80 　　　　　　**9** 60, 60

10 $36 \ cm^3$

11 (1) 2배, 2배, 2배　(2) 8배

12 (1) 4개　(2) 8개　(3) $4 \ cm^3$

---

1 (1) 가: 한 층에 $2 \times 5 = 10$(개)씩 2층이므로
　　　$10 \times 2 = 20$(개)
　나: 한 층에 $2 \times 3 = 6$(개)씩 4층이므로
　　　$6 \times 4 = 24$(개)
　(2) 20개 < 24개이므로 나의 부피가 더 큽니다.

2 쌓기나무의 수를 세어 보면
　가는 한 층에 $2 \times 4 = 8$(개)씩 2층이므로 $8 \times 2 = 16$(개),
　나는 한 층에 $3 \times 2 = 6$(개)씩 3층이므로 $6 \times 3 = 18$(개)
　입니다.
　➡ 16개 < 18개이므로 부피가 더 큰 직육면체는 나입니다.

3 가: 한 층에 $3 \times 3 = 9$(개)씩 3층이므로 $9 \times 3 = 27$(개)
　나: 한 층에 $4 \times 4 = 16$(개)씩 2층이므로
　　　$16 \times 2 = 32$(개)

4 가와 나는 3 cm, 4 cm인 모서리의 길이가 각각 같으므로 부피를 직접 맞대어 비교할 수 있습니다. 나머지 한 모서리의 길이를 비교하면 2 cm > 1 cm이므로 가의 부피가 더 큽니다.

5 가, 나, 다는 모두 세로와 높이가 같으므로 가로가 가장 긴 나의 부피가 가장 크고, 가로가 가장 짧은 다의 부피가 가장 작습니다.

6 가: 한 층에 $6 \times 8 = 48$(개)씩 2층으로 담을 수 있으므로 $48 \times 2 = 96$(개)
　나: 한 층에 $4 \times 4 = 16$(개)씩 3층으로 담을 수 있으므로 $16 \times 3 = 48$(개)

8 한 층에 $4 \times 4 = 16$(개)씩 5층이므로 $16 \times 5 = 80$(개)
　➡ $80 \ cm^3$

9 한 층에 $3 \times 4 = 12$(개)씩 5층이므로 $12 \times 5 = 60$(개)
　➡ $60 \ cm^3$

10 한 층에 $4 \times 3 = 12$(개)씩 3층이므로 $12 \times 3 = 36$(개)
　➡ $36 \ cm^3$

11 (1) 쌓기나무의 수를 세어 봅니다.

직육면체	가로	세로	높이
가	2	1	1
나	4	2	2

　➡ 가로: $4 \div 2 = 2$(배), 세로: $2 \div 1 = 2$(배),
　　높이: $2 \div 1 = 2$(배)

12 (3) 나는 가보다 부피가 $1 \ cm^3$인 쌓기나무가 4개 더 많으므로 부피가 $4 \ cm^3$ 더 큽니다.

136~137쪽 **1단계 개념 빠삭**

| 예제 문제 | **1** 5, 40 | **2** 2, 8 / 2, 24 |

개념 집중 연습

1 48 **2** 60
3 5, 5, 9, 225 **4** 10, 5, 4, 200
5 192 **6** 165
7 126 **8** 180

예제 문제

1 $4 \times 2 \times 5 = 40$(개) ➡ 40 cm³

개념 집중 연습

1 $4 \times 4 \times 3 = 48$(개) ➡ 48 cm³

2 $4 \times 5 \times 3 = 60$(개) ➡ 60 cm³

5 $6 \times 4 \times 8 = 192$ (cm³)

6 $11 \times 5 \times 3 = 165$ (cm³)

7 $7 \times 3 \times 6 = 126$ (cm³)

8 $4 \times 9 \times 5 = 180$ (cm³)

138~139쪽 1단계 개념 빠삭

| 예제 문제 | **1** 3, 3, 3, 27 | **2** 6, 6, 216 |

개념 집중 연습

1 5, 5, 5, 125, 125
2 8, 8, 8, 512 **3** 11, 11, 11, 1331
4 64 **5** 1000
6 1728 **7** 8000

개념 집중 연습

1 $5 \times 5 \times 5 = 125$(개) ➡ 125 cm³

4 $4 \times 4 \times 4 = 64$ (cm³)

5 $10 \times 10 \times 10 = 1000$ (cm³)

6 $12 \times 12 \times 12 = 1728$ (cm³)

7 $20 \times 20 \times 20 = 8000$ (cm³)

140~141쪽 1단계 개념 빠삭

| 예제 문제 | **1** (1) 3, 4, 72 (2) 5, 4, 40 |

2 (1) 4, 4, 64 (2) 5, 5, 125

개념 집중 연습

1 m³ **2** cm³ **3** m³
4 24 **5** 140
6 343 **7** 729
8 4, 3, 30 / 400, 300, 30000000 / 30000000
9 5000000 **10** 1900000
11 4 **12** 3.2

개념 집중 연습

1 한 모서리의 길이가 1 m이거나 1 m보다 긴 경우 m³ 단위를 사용하면 편리합니다.

4 $3 \times 4 \times 2 = 24$ (m³)

5 $8 \times 5 \times 3.5 = 140$ (m³)

6 $7 \times 7 \times 7 = 343$ (m³)

7 $9 \times 9 \times 9 = 729$ (m³)

142~145쪽 2단계 익힘책 빠삭

1 20 cm³ **2** 2, 2, 16
3 6, 5, 7, 210 **4** 120 cm³
5 90 cm³
6 $7 \times 4 \times 2 = 56$, 56 cm³
7 96 cm³ **8** 나 **9** 192 cm³
10 3 **11** 64 cm³ **12** 3, 3, 27
13 2, 2, 2, 8 **14** 125 cm³ **15** 729 cm³
16 216 cm³ **17** 512 cm³ **18** 27 cm³
19 (위에서부터) < / 1000, 1188
20 가 **21** 3, 6, 7, 126
22 64 m³ **23**
24 (1) 8050000 (2) 9.785
25 = **26** 94500000, 94.5
27 890000 cm³

1 $5 \times 2 \times 2 = 20$(개) ➡ 20 cm^3

2 $4 \times 2 \times 2 = 16$(개) ➡ 16 cm^3

4 (직육면체의 부피)=(밑면의 넓이)×(높이)
$= 30 \times 4 = 120 \text{ (cm}^3)$

5 (직육면체의 부피)=$6 \times 5 \times 3 = 90 \text{ (cm}^3)$

6 (보석 상자의 부피)=(가로)×(세로)×(높이)
$= 7 \times 4 \times 2 = 56 \text{ (cm}^3)$

7 전개도를 접으면 가로가 6 cm, 세로 가 2 cm, 높이가 8 cm인 직육면체 가 됩니다.

➡ (부피)=$6 \times 2 \times 8 = 96 \text{ (cm}^3)$

8 (가의 부피)=$4 \times 3 \times 6 = 72 \text{ (cm}^3)$
(나의 부피)=$5 \times 5 \times 3 = 75 \text{ (cm}^3)$
➡ $72 \text{ cm}^3 < 75 \text{ cm}^3$

9 (처음 직육면체의 부피)=$3 \times 2 \times 4 = 24 \text{ (cm}^3)$
직육면체의 가로, 세로, 높이를 각각 2배 하면 부피는 8배가 됩니다.
(새로 만든 직육면체의 부피)=$24 \times 8 = 192 \text{ (cm}^3)$

10 $12 \times 5 \times \square = 180$, $60 \times \square = 180$,
$\square = 180 \div 60 = 3 \text{ (cm)}$

11 $4 \times 4 \times 4 = 64$(개) ➡ 64 cm^3

14 (정육면체의 부피)=(한 면의 넓이)×(높이)
$= 25 \times 5 = 125 \text{ (cm}^3)$

15 $9 \times 9 \times 9 = 729 \text{ (cm}^3)$

16 $6 \times 6 \times 6 = 216 \text{ (cm}^3)$

17 전개도를 접으면 한 모서리의 길이가 8 cm인 정육면체가 됩니다.
➡ (정육면체의 부피)=$8 \times 8 \times 8 = 512 \text{ (cm}^3)$

18 한 층에 쌓은 쌓기나무는 3개씩 3줄이고 3층으로 쌓았습니다.
➡ (만든 정육면체의 부피)=$3 \times 3 \times 3 = 27 \text{ (cm}^3)$

19 (정육면체의 부피)=$10 \times 10 \times 10 = 1000 \text{ (cm}^3)$
(직육면체의 부피)=$12 \times 11 \times 9 = 1188 \text{ (cm}^3)$
➡ $1000 \text{ cm}^3 < 1188 \text{ cm}^3$이므로 직육면체의 부피가 더 큽니다.

20 (가의 부피)=$9 \times 3 \times 4 = 108 \text{ (cm}^3)$
(나의 부피)=$7 \times 7 \times 7 = 343 \text{ (cm}^3)$
➡ $108 \text{ cm}^3 < 343 \text{ cm}^3$이므로 가의 부피가 더 작습니다.

22 400 cm=4 m이므로
부피는 $4 \times 4 \times 4 = 64 \text{ (m}^3)$입니다.

25 $1000000 \text{ cm}^3 = 1 \text{ m}^3$ ➡ $63000000 \text{ cm}^3 = 63 \text{ m}^3$

26 450 cm=4.5 m이므로
$3 \times 7 \times 4.5 = 94.5 \text{ (m}^3)$ ➡ 94500000 cm^3입니다.

27 $1.45 \text{ m}^3 = 1450000 \text{ cm}^3$이므로 냉장고와 옷장의 부피의 차는 $1450000 - 560000 = 890000 \text{ (cm}^3)$입니다.

146~147쪽 **1**단계 개념 빠삭

예제 문제	**1** 15, 94	**2** 3, 3, 3, 36, 90, 126

개념 집중 연습

1 3, 3, 21, 42   **2** 3, 4, 2, 26, 52
3 108   **4** 122
5 262   **6** 376
7 42, 104, 188   **8** 33, 196, 262

예제 문제

1 (직육면체의 겉넓이)
=(세 면의 넓이의 합)×2
=$(5 \times 4 + 5 \times 3 + 4 \times 3) \times 2$
=$(20 + 15 + 12) \times 2 = 47 \times 2 = 94 \text{ (cm}^2)$

개념 집중 연습

3 $(6 \times 4) \times 2 + (6 + 4 + 6 + 4) \times 3$
=$48 + 60 = 108 \text{ (cm}^2)$

4 $(7 \times 4) \times 2 + (7 + 4 + 7 + 4) \times 3$
=$56 + 66 = 122 \text{ (cm}^2)$

5 $(8 \times 5) \times 2 + (8 + 5 + 8 + 5) \times 7$
=$80 + 182 = 262 \text{ (cm}^2)$

6 $(10 \times 8) \times 2 + (10 + 8 + 10 + 8) \times 6$
=$160 + 216 = 376 \text{ (cm}^2)$

7 (한 밑면의 넓이)=$6 \times 7 = 42 \text{ (cm}^2)$
(옆면의 넓이)=$(6 + 7 + 6 + 7) \times 4 = 104 \text{ (cm}^2)$
(겉넓이)=$42 \times 2 + 104 = 188 \text{ (cm}^2)$

8 (한 밑면의 넓이)=$11 \times 3 = 33 \text{ (cm}^2)$
(옆면의 넓이)=$(11 + 3 + 11 + 3) \times 7 = 196 \text{ (cm}^2)$
(겉넓이)=$33 \times 2 + 196 = 262 \text{ (cm}^2)$

148~149쪽 1단계 개념 빠삭

예제 문제 **1** (1) 9, 9, 9, 9, 9, 9, 54 (2) 3, 3, 54
2 (1) 5, 5, 25 (2) 25, 150

개념 집중 연습

1 4, 4, 96 　　　　　**2** 7, 7, 294
3 6, 6, 216 　　　　　**4** 10, 10, 600
5 384 　　　　　　　**6** 486
7 726 　　　　　　　**8** 864

개념 집중 연습

3 (한 면의 넓이)$=6\times6=36$ (cm²)
　(겉넓이)$=36\times6=216$ (cm²)
5 $8\times8\times6=384$ (cm²)
6 $9\times9\times6=486$ (cm²)
7 $11\times11\times6=726$ (cm²)
8 $12\times12\times6=864$ (cm²)

150~153쪽 2단계 익힘책 빠삭

1 (1) 36, 54, 36, 54, 24 / 36, 54, 36, 54, 24, 228
　(2) 24, 36, 54, 228
2 20, 32, 184 　　　　**3** 3, 8, 158
4 28 cm² 　　　　　　**5** 162 cm²
6 62 cm² 　　　　　　**7** 45, 84, 174
8 376 cm²
9 (1) 3 cm (2) 40 cm² (3) 82 cm²
10 340 cm² 　　　　　**11** 16 cm²
12 (1) 64 cm² (2) 4 　　**13** 9, 9, 9, 9, 9, 9, 54
14 150 cm² 　　　　　**15** 1176 cm²
16 294 cm² 　　　　　**17** 600 cm²
18 $12\times12\times6=864$, 864 cm²
19 $9\times9\times6=486$, 486 cm²
20 2400 cm² 　　　　　**21** 726 cm²
22 6
23 예

/ 24 cm²

24 96 cm² 　　　　　　**25** 542 cm²

---

2 $(5\times8)\times2+(5\times4)\times2+(8\times4)\times2$
　$=40\times2+20\times2+32\times2$
　$=80+40+64=184$ (cm²)

3 (직육면체의 겉넓이)
　$=$(한 밑면의 넓이)$\times2+$(옆면의 넓이)
　$=(8\times3)\times2+(3+8+3+8)\times5$
　$=48+110=158$ (cm²)

4 (직육면체의 겉넓이)$=(4\times2+4\times1+2\times1)\times2$
　　　　　　　　　　$=(8+4+2)\times2=28$ (cm²)

5 (직육면체의 겉넓이)
　$=(6\times7+6\times3+7\times3)\times2$
　$=(42+18+21)\times2=162$ (cm²)

6 (직육면체의 겉넓이)
　$=$(한 꼭짓점에서 만나는 세 면의 넓이의 합)$\times2$
　$=(6+15+10)\times2=62$ (cm²)

7 (한 밑면의 넓이)$=9\times5=45$ (cm²)
　(옆면의 넓이)$=(9+5+9+5)\times3=84$ (cm²)
　(겉넓이)$=45\times2+84=174$ (cm²)

8 (직육면체의 겉넓이)
　$=(10\times6)\times2+(10+6+10+6)\times8$
　$=120+256=376$ (cm²)

9 (1) (세로)$=$(넓이)$\div$(가로)$=21\div7=3$ (cm)
　(2) $(7+3+7+3)\times2=40$ (cm²)
　(3) $21\times2+40=82$ (cm²)

10 (직육면체의 겉넓이)
　$=(5\times8+8\times10+5\times10)\times2$
　$=(40+80+50)\times2=340$ (cm²)

11 (가 직육면체의 겉넓이)
　$=(5\times4)\times2+(5+4+5+4)\times3$
　$=40+54=94$ (cm²)
　(나 직육면체의 겉넓이)
　$=(3\times3)\times2+(3+3+3+3)\times5$
　$=18+60=78$ (cm²)
　$\rightarrow 94-78=16$ (cm²)

12 (1) (겉넓이)$=$(한 밑면의 넓이)$\times2+$(옆면의 넓이)
　$\rightarrow$ (옆면의 넓이)$=$(겉넓이)$-$(한 밑면의 넓이)$\times2$
　　　　　　　　$=88-12\times2=64$ (cm²)
　(2) $16\times\square=64$, $\square=64\div16=4$ (cm)

14 정육면체는 여섯 면의 넓이가 모두 같으므로 겉넓이는
$25 \times 6 = 150$ (cm²)입니다.

15 (정육면체의 겉넓이)$= 14 \times 14 \times 6 = 1176$ (cm²)

16 (정육면체의 겉넓이)$=$(한 면의 넓이)$\times 6$
$\qquad = 7 \times 7 \times 6 = 294$ (cm²)

17 (선물 상자의 겉넓이)$=$(한 면의 넓이)$\times 6$
$\qquad = 10 \times 10 \times 6 = 600$ (cm²)

20 (정육면체의 겉넓이)$= 20 \times 20 \times 6 = 2400$ (cm²)

21 (한 모서리의 길이)$= 33 \div 3 = 11$ (cm)
(정육면체의 겉넓이)$= 11 \times 11 \times 6 = 726$ (cm²)

22 (정육면체의 겉넓이)$=\square \times \square \times 6 = 216$,
$\square \times \square = 36$, $6 \times 6 = 36$이므로 $\square = 6$입니다.

23 전개도에 그린 여섯 면은 정사각형으로 모두 같습니다.
➔ (정육면체의 겉넓이)$= 2 \times 2 \times 6 = 24$ (cm²)

24 색칠한 면은 정사각형이므로
(한 모서리의 길이)$= 16 \div 4 = 4$ (cm)입니다.
➔ (정육면체의 겉넓이)$= 4 \times 4 \times 6 = 96$ (cm²)

25 (직육면체의 겉넓이)
$= (8 \times 3 + 8 \times 5 + 3 \times 5) \times 2$
$= (24 + 40 + 15) \times 2 = 158$ (cm²)
(정육면체의 겉넓이)$= 8 \times 8 \times 6 = 384$ (cm²)
➔ $158 + 384 = 542$ (cm²)

154~156쪽 TEST **6단원 평가**

1 3, 3, 27	**2** 24, 24
3 9, 5, 36, 45, 20, 202	**4** 책장, 세탁기
5 (1) 7000000 (2) 68	**6** 105 cm³
7 96 cm²	**8** 나
9 512 cm³	**10** ⑤
11 72	**12** 2.16 m³
13 568 cm²	**14** 1.2 m³
15 14	**16** 다
17 나	**18** 120 cm²
19 10 cm	**20** 729 cm³

---

2 $2 \times 3 \times 4 = 24$(개) ➔ 24 cm³

8 가: $2 \times 4 \times 2 = 16$(개), 나: $3 \times 4 \times 2 = 24$(개)
➔ 16개 < 24개이므로 나의 부피가 더 큽니다.

9 $8 \times 8 \times 8 = 512$ (cm³)

10 ⑤ 45100000 cm³ = 45.1 m³

11 $\square \times 7 = 504$, $\square = 504 \div 7 = 72$

12 90 cm = 0.9 m이므로 부피는
$2 \times 1.2 \times 0.9 = 2.16$ (m³)입니다.

13 전개도로 만든 직육면체는 다음과 같습니다.

(겉넓이)$= (14 \times 6) \times 2 + (14 + 6 + 14 + 6) \times 10$
$\qquad = 168 + 400 = 568$ (cm²)

14 서랍장: 2400000 cm³ = 2.4 m³
➔ 서랍장과 에어컨의 부피의 차:
$2.4 - 1.2 = 1.2$ (m³)

15 $7 \times 9 \times \square = 882$, $63 \times \square = 882$, $\square = 882 \div 63 = 14$

16 (가의 부피)$= 6 \times 3 \times 3 = 54$ (cm³)
(나의 부피)$= 2 \times 5 \times 1 = 10$ (cm³)
(다의 부피)$= 4 \times 4 \times 4 = 64$ (cm³)
➔ 64 cm³ > 54 cm³ > 10 cm³

17 (가의 겉넓이)$= (12 \times 4) \times 2 + (12 + 4 + 12 + 4) \times 3$
$\qquad = 96 + 96 = 192$ (cm²)
(나의 겉넓이)$= (2 \times 11) \times 2 + (2 + 11 + 2 + 11) \times 6$
$\qquad = 44 + 156 = 200$ (cm²)
➔ 192 cm² < 200 cm²

18 6 cm, 10 cm인 면 2개의 넓이만큼 겉넓이가 늘어납니다.
➔ (늘어나는 겉넓이)$= 10 \times 6 \times 2 = 120$ (cm²)

19 (직육면체 가의 겉넓이)
$= (8 \times 6) \times 2 + (8 + 6 + 8 + 6) \times 18$
$= 96 + 504 = 600$ (cm²)
➔ 겉넓이가 600 cm²인 정육면체의 한 면의 넓이는
$600 \div 6 = 100$ (cm²)이고 $100 = 10 \times 10$이므로
정육면체의 한 모서리의 길이는 10 cm입니다.

20 정육면체의 한 모서리의 길이를 $\square$ cm라 하면
$\square \times \square \times 6 = 486$, $\square \times \square = 81$, $\square = 9$입니다.
➔ 정육면체의 부피는 $9 \times 9 \times 9 = 729$ (cm³)입니다.

1 분수의 나눗셈

1 예  / $\dfrac{1}{4}$

2 예 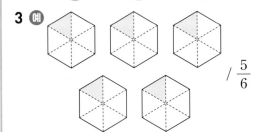 / $\dfrac{3}{5}$

3 예 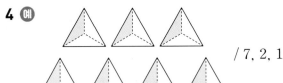 / $\dfrac{5}{6}$

4 예 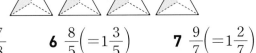 / 7, 2, 1

5 $\dfrac{7}{8}$ **6** $\dfrac{8}{5}\left(=1\dfrac{3}{5}\right)$ **7** $\dfrac{9}{7}\left(=1\dfrac{2}{7}\right)$

연산 → 문장제

$7 \div 8 = \dfrac{7}{8}$, $\dfrac{7}{8}$ kg

1 8, 2 **2** 2, $\dfrac{3}{11}$

3 13, 1, $\dfrac{2}{13}$ **4** 7, 3, $\dfrac{7}{30}$

5 12, 12, 3 **6** 30, 30, 5

7 $\dfrac{7}{16}$ **8** $\dfrac{3}{10}$

9 $\dfrac{5}{48}$ **10** $\dfrac{3}{17}$

연산 → 문장제

$\dfrac{5}{12} \div 4 = \dfrac{5}{48}$, $\dfrac{5}{48}$ m²

1 $\dfrac{8}{15}$ **2** $\dfrac{3}{4}$ **3** $\dfrac{7}{30}$

4 $\dfrac{7}{18}$ **5** $\dfrac{5}{7}$ **6** $\dfrac{7}{18}$

7 $\dfrac{11}{28}$ **8** $\dfrac{3}{16}$ **9** $\dfrac{7}{6}\left(=1\dfrac{1}{6}\right)$

10 $\dfrac{13}{18}$ **11** $\dfrac{2}{3}$ **12** $\dfrac{19}{10}\left(=1\dfrac{9}{10}\right)$

13 $\dfrac{13}{30}$ **14** $\dfrac{3}{8}$ **15** $\dfrac{3}{5}$

연산 → 문장제

$\dfrac{13}{10} \div 3 = \dfrac{13}{30}$, $\dfrac{13}{30}$ L

1 $\dfrac{8}{3} \div 5 = \dfrac{8}{3} \times \dfrac{1}{5} = \dfrac{8}{15}$

15 $\dfrac{24}{5} \div 8 = \dfrac{\overset{3}{\cancel{24}}}{5} \times \dfrac{1}{\underset{1}{\cancel{8}}} = \dfrac{3}{5}$

1 6, 6, $\dfrac{3}{5}$ **2** 10, 10, $\dfrac{2}{3}$

3 11, 11, 4, $\dfrac{11}{16}$ **4** 29, 29, 9, $\dfrac{29}{54}$

5 $\dfrac{2}{7}$ **6** $\dfrac{2}{3}$

7 $\dfrac{3}{8}$ **8** $\dfrac{17}{30}$

9 $\dfrac{3}{2}\left(=1\dfrac{1}{2}\right)$ **10** $\dfrac{35}{48}$

연산 → 문장제

$4\dfrac{1}{2} \div 3 = \dfrac{3}{2}\left(=1\dfrac{1}{2}\right)$ / $\dfrac{3}{2}\left(=1\dfrac{1}{2}\right)$ 배

5 $1\dfrac{3}{7} \div 5 = \dfrac{10}{7} \div 5 = \dfrac{\overset{2}{\cancel{10}}}{7} \times \dfrac{1}{\underset{1}{\cancel{5}}} = \dfrac{2}{7}$

10 $5\dfrac{5}{6} \div 8 = \dfrac{35}{6} \div 8 = \dfrac{35}{6} \times \dfrac{1}{8} = \dfrac{35}{48}$

5~6쪽 **1** 단원 성취도 평가

1 $1 \div 5 = \dfrac{1}{5}$ **2** $\dfrac{4}{7} \times \dfrac{1}{9}$

3 ㉡ **4** $\dfrac{1}{16}$

5 $\dfrac{8}{25}$ **6** ·⟍⟋·

7 $\dfrac{7}{12}$ **8** >

9 $2\dfrac{1}{3} \div 12 = \dfrac{7}{3} \div 12 = \dfrac{7}{3} \times \dfrac{1}{12} = \dfrac{7}{36}$

10 ㉢

11 $\dfrac{11}{5} \div 8 = \dfrac{11}{40}$, $\dfrac{11}{40}$ kg

12 $\dfrac{6}{7}$배

13 (위에서부터) $\dfrac{4}{15}$ / $\dfrac{6}{17}$ / $\dfrac{8}{45}$, $\dfrac{4}{17}$

14 1, 2, 3, 4, 5, 6 **15** ㉢

---

8 $11 \div 12 = \dfrac{11}{12}$, $\dfrac{5}{6} = \dfrac{10}{12}$

➡ $\dfrac{11}{12} > \dfrac{10}{12}$이므로 $11 \div 12 > \dfrac{5}{6}$입니다.

참고
분자가 분모보다 1 작은 분수끼리 크기를 비교할 때는 분모가 클수록 더 큰 수입니다.

10 $5\dfrac{3}{4} \div 7 = \underset{㉠}{\dfrac{23}{4} \div 7} = \underset{㉡}{\dfrac{23}{4} \times \dfrac{1}{7}} = \underset{㉢}{5\dfrac{3}{4}} \times \underset{㉣}{\dfrac{1}{7}}$

14 $1\dfrac{2}{5} \div 2 = \dfrac{7}{5} \div 2 = \dfrac{7}{5} \times \dfrac{1}{2} = \dfrac{7}{10}$

$\dfrac{\square}{10} < 1\dfrac{2}{5} \div 2$는 $\dfrac{\square}{10} < \dfrac{7}{10}$과 같습니다.

➡ □는 7보다 작아야 하므로 □ 안에 들어갈 수 있는 자연수는 1, 2, 3, 4, 5, 6입니다.

15 ㉠ $\dfrac{21}{8} \div 3 = \dfrac{21 \div 3}{8} = \dfrac{7}{8}$ ➡ $\dfrac{7}{8} > \dfrac{1}{2}$

㉡ $\dfrac{12}{5} \div 3 = \dfrac{12 \div 3}{5} = \dfrac{4}{5}$ ➡ $\dfrac{4}{5} > \dfrac{1}{2}$

㉢ $\dfrac{20}{9} \div 5 = \dfrac{20 \div 5}{9} = \dfrac{4}{9}$ ➡ $\dfrac{4}{9} < \dfrac{1}{2}$

㉣ $\dfrac{27}{4} \div 9 = \dfrac{27 \div 9}{4} = \dfrac{3}{4}$ ➡ $\dfrac{3}{4} > \dfrac{1}{2}$

---

2 각기둥과 각뿔

7쪽 **2** 단원 기초력 집중 연습

1 (×) (○) (○) **2** (○) (×) (○)
3 삼각기둥 **4** 사각기둥
5 오각기둥 **6** 6, 12, 8
7 8, 18, 12 **8** 7, 15, 10
9 10, 24, 16

6 (면의 수)=(한 밑면의 변의 수)+2
$\qquad$ =4+2=6(개)
(모서리의 수)=(한 밑면의 변의 수)×3
$\qquad$ =4×3=12(개)
(꼭짓점의 수)=(한 밑면의 변의 수)×2
$\qquad$ =4×2=8(개)

8 (면의 수)=(한 밑면의 변의 수)+2
$\qquad$ =5+2=7(개)
(모서리의 수)=(한 밑면의 변의 수)×3
$\qquad$ =5×3=15(개)
(꼭짓점의 수)=(한 밑면의 변의 수)×2
$\qquad$ =5×2=10(개)

9 (면의 수)=(한 밑면의 변의 수)+2
$\qquad$ =8+2=10(개)
(모서리의 수)=(한 밑면의 변의 수)×3
$\qquad$ =8×3=24(개)
(꼭짓점의 수)=(한 밑면의 변의 수)×2
$\qquad$ =8×2=16(개)

8쪽 **2** 단원 기초력 집중 연습

1 가, 다 **2** 나, 다
3 삼각기둥 **4** 사각기둥
5 육각기둥
6

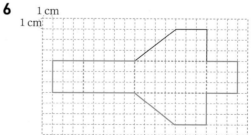

1 (×) (×) (○)   **2** (×) (○) (×)

3 예   **4**

5   **6**

7   **8**

9 ㄱㄷㄹ, ㄱㄹㅁ, ㄱㅁㄴ

10 ㄱㄷㄹ, ㄱㄹㅁ, ㄱㅁㅂ, ㄱㅂㄴ

1 삼각뿔   **2** 오각뿔   **3** 육각뿔

4   **5**   **6**

7 6, 10, 6   **8** 9, 16, 9

9 7, 12, 7   **10** 8, 14, 8

7 (면의 수)=(밑면의 변의 수)+1=5+1=6(개)
(모서리의 수)=(밑면의 변의 수)×2=5×2=10(개)
(꼭짓점의 수)=(밑면의 변의 수)+1=5+1=6(개)

8 (면의 수)=(밑면의 변의 수)+1=8+1=9(개)
(모서리의 수)=(밑면의 변의 수)×2=8×2=16(개)
(꼭짓점의 수)=(밑면의 변의 수)+1=8+1=9(개)

9 (면의 수)=(밑면의 변의 수)+1=6+1=7(개)
(모서리의 수)=(밑면의 변의 수)×2=6×2=12(개)
(꼭짓점의 수)=(밑면의 변의 수)+1=6+1=7(개)

10 (면의 수)=(밑면의 변의 수)+1=7+1=8(개)
(모서리의 수)=(밑면의 변의 수)×2=7×2=14(개)
(꼭짓점의 수)=(밑면의 변의 수)+1=7+1=8(개)

1 사각형, 사각뿔   **2** 13 cm
3 오각기둥   **4** 8, 10, 24, 16
5 10개   **6** 삼각기둥
7 ㄷ
8 예 밑면이 2개 있어야 하는데 1개밖에 없습니다.
9 면 ㅂ   **10** 삼각뿔
11 정칠각형   **12** 4, 6, 10
13 7개   **14** ㄷ, ㄹ   **15** 34개

6 밑면의 모양이 삼각형이고 옆면의 모양이 직사각형인 입체도형은 삼각기둥입니다.

7 ㉠ 옆면의 수는 한 밑면의 변의 수와 같습니다.
㉡ 밑면의 모양은 다각형입니다.
㉣ 밑면과 옆면은 서로 수직입니다.

8 평가 기준
밑면의 개수가 2개여야 한다고 썼으면 정답으로 합니다.

10 옆면이 삼각형인 입체도형은 각뿔이고, 그중 밑면이 삼각형인 각뿔은 삼각뿔입니다.

11 옆면이 직사각형 7개인 각기둥은 칠각기둥이고 옆면이 모두 합동인 직사각형이므로 밑면은 변의 길이가 모두 같은 정칠각형입니다.

12 각기둥의 전개도를 점선을 따라 접었을 때 맞닿는 선분의 길이는 같습니다.

13 밑면의 모양이 육각형이므로 육각뿔입니다. 육각뿔의 꼭짓점은 모두 7개입니다.

14

도형	오각기둥	오각뿔
옆면의 모양	직사각형	삼각형
밑면의 수(개)	2	1
옆면의 수(개)	5	5
밑면의 모양	오각형	오각형

15 팔각뿔이므로 밑면의 변의 수는 8개입니다.
면의 수: 9개, 모서리의 수: 16개, 꼭짓점의 수: 9개
➡ 9+16+9=34(개)

3 소수의 나눗셈

1 14.2, 1.42 **2** 22.1, 2.21
3 1.35 **4** 2.7 **5** 5.39
6 2.4 **7** 3.55 **8** 1.62
9 2.36 **10** 3.48

연산 ➡ 문장제

$21.24 \div 9 = 2.36$, 2.36 L

9
$$\begin{array}{r} 2.36 \\ 9\overline{)21.24} \\ \underline{18} \\ 32 \\ \underline{27} \\ 54 \\ \underline{54} \\ 0 \end{array}$$

10
$$\begin{array}{r} 3.48 \\ 3\overline{)10.44} \\ \underline{9} \\ 14 \\ \underline{12} \\ 24 \\ \underline{24} \\ 0 \end{array}$$

연산 ➡ 문장제

(사과 주스의 양)÷(병의 수)$=21.24 \div 9$
$= 2.36$ (L)

1 0.37 **2** 0.56 **3** 0.28
4 1.15 **5** 2.34 **6** 4.25
7 0.75 **8** 0.94 **9** 3.56
10 7.85

연산 ➡ 문장제

$17.8 \div 5 = 3.56$, 3.56 cm

8
$$\begin{array}{r} 0.94 \\ 7\overline{)6.58} \\ \underline{63} \\ 28 \\ \underline{28} \\ 0 \end{array}$$

9
$$\begin{array}{r} 3.56 \\ 5\overline{)17.80} \\ \underline{15} \\ 28 \\ \underline{25} \\ 30 \\ \underline{30} \\ 0 \end{array}$$

연산 ➡ 문장제

(모든 변의 길이의 합)÷(정오각형의 변의 수)
$= 17.8 \div 5 = 3.56$ (cm)

1 1.03 **2** 3.09 **3** 2.04
4 1.08 **5** 6.07 **6** 3.06
7 3.05 **8** 9.04 **9** 1.06
10 5.09 **11** 8.07

연산 ➡ 문장제

$40.72 \div 8 = 5.09$, 5.09 cm

10
$$\begin{array}{r} 5.09 \\ 8\overline{)40.72} \\ \underline{40} \\ 72 \\ \underline{72} \\ 0 \end{array}$$

11
$$\begin{array}{r} 8.07 \\ 3\overline{)24.21} \\ \underline{24} \\ 21 \\ \underline{21} \\ 0 \end{array}$$

연산 ➡ 문장제

(직사각형의 넓이)÷(가로)$=40.72 \div 8$
$= 5.09$ (cm)

1 2.5 **2** 3.4 **3** 4.5
4 6.6 **5** 0.16 **6** 7.5
7 0.4 **8** 3.5 **9** 2.2
10 1.1 **11** 8.2

연산 ➡ 문장제

$22 \div 20 = 1.1$, 1.1배

10
$$\begin{array}{r} 1.1 \\ 20\overline{)22.0} \\ \underline{20} \\ 20 \\ \underline{20} \\ 0 \end{array}$$

11
$$\begin{array}{r} 8.2 \\ 5\overline{)41.0} \\ \underline{40} \\ 10 \\ \underline{10} \\ 0 \end{array}$$

연산 ➡ 문장제

(가 접시의 지름)÷(나 접시의 지름)$=22 \div 20$
$= 1.1$ (배)

17~18쪽 3 단원 성취도 평가

1 12, 4, 3
2 144, 1.44
3 0.98
4 7.2

5
$$\begin{array}{r} 2.0\ 9 \\ 4\overline{)8.3\ 6} \\ \underline{8} \\ 3\ 6 \\ \underline{3\ 6} \\ 0 \end{array}$$

6

7 1.6 kg
8 3.5, 1.75
9 37.2÷3=12.4, 12.4 km
10 <

11 예 $5.74÷7=\dfrac{574}{100}÷7=\dfrac{574÷7}{100}=\dfrac{82}{100}=0.82$

　　예 $574÷7=82 ➡ 5.74÷7=0.82$

12 ㉠, ㉣
13 2, 8, 0.25
14 1.2 m
15 10.06 cm

2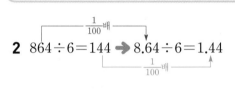
864÷6=144 ➡ 8.64÷6=1.44

3 6.86÷7=0.98

4 36>5 ➡ 36÷5=7.2

6 35.3÷5=7.06, 54.3÷6=9.05

7 8÷5=1.6 (kg)

8 7÷2=3.5, 3.5÷2=1.75

9 (한 시간 동안 달린 거리)
　 =(전체 달린 거리)÷(달린 시간)
　 =37.2÷3=12.4 (km)

10 6.9÷6=1.15, 4.38÷3=1.46
　 ➡ 1.15<1.46

12 (나누어지는 수)<(나누는 수)이면 몫은 1보다 작습니다.

13 몫이 가장 작은 나눗셈을 만들려면 나누어지는 수에 가장 작은 수, 나누는 수에 가장 큰 수를 씁니다.

14 (간격 수)=(깃발 수)−1=8−1=7(군데)
　 ➡ 8.4÷7=1.2 (m)

15 (삼각형의 넓이)=(밑변)×(높이)÷2
　 ➡ (높이)=(삼각형의 넓이)×2÷(밑변)
　　　　　 =45.27×2÷9=10.06 (cm)

4 비와 비율

19쪽 4 단원 문장으로 이어 지는 기초 학습

1 2, 2
2 6, 3
3 9 : 2
4 21 : 5
5 15 : 22
6 40 : 31
7 8, 7
8 19, 10
9 $\dfrac{11}{25}$, 0.44
10 $\dfrac{26}{20}\left(=\dfrac{13}{10}\right)$, 1.3

9 11 : 25 ➡ (비율)=$\dfrac{11}{25}=\dfrac{44}{100}=0.44$

10 26 : 20 ➡ (비율)=$\dfrac{26}{20}=\dfrac{13}{10}=1.3$

20쪽 4 단원 문장으로 이어 지는 기초 학습

1 $\dfrac{7}{28}\left(=\dfrac{1}{4}=0.25\right)$
2 $\dfrac{120}{16}\left(=\dfrac{15}{2}=7.5\right)$
3 $\dfrac{8850}{10}(=885)$
4 $\dfrac{1000}{8}(=125)$
5 $\dfrac{75}{25}(=3)$
6 $\dfrac{9}{17}$
7 $\dfrac{70}{500}\left(=\dfrac{7}{50}=0.14\right)$
8 $\dfrac{150}{6}(=25)$

기초 ➡ 문장제

$\dfrac{70}{500}\left(=\dfrac{7}{50}=0.14\right)$

1 $\dfrac{(안타\ 수)}{(전체\ 타수)}=\dfrac{7}{28}=\dfrac{1}{4}=0.25$

2 $\dfrac{(간\ 거리)}{(걸린\ 시간)}=\dfrac{120}{16}=\dfrac{15}{2}=7.5$

3 $\dfrac{(인구)}{(넓이)}=\dfrac{8850}{10}=885$

5 $\dfrac{(가로)}{(세로)}=\dfrac{75}{25}=3$

8 $\dfrac{(학생\ 수)}{(학급\ 수)}=\dfrac{150}{6}=25$

기초 ➡ 문장제

$\dfrac{(소금\ 양)}{(소금물\ 양)}=\dfrac{70}{500}=\dfrac{7}{50}=0.14$

21쪽 4단원 문장으로 이어 지는 기초 학습

1 60	**2** 24	**3** 55
4 70	**5** 80	**6** 3
7 40	**8** 50	**9** 75
10 5	**11** 36	**12** 30
13 30	**14** 24	
15 25	**16** 75	

14 전체 50칸 중에서 색칠한 부분은 12칸입니다.

➡ $\frac{12}{50}=\frac{24}{100}$ ➡ 24 %

15 전체 8칸 중에서 색칠한 부분은 2칸입니다.

➡ $\frac{2}{8}=\frac{1}{4}=\frac{25}{100}$ ➡ 25 %

16 전체 16칸 중에서 색칠한 부분은 12칸입니다.

➡ $\frac{12}{16}=\frac{3}{4}=\frac{75}{100}$ ➡ 75 %

22쪽 4단원 문장으로 이어 지는 기초 학습

1 65	**2** 54
3 3	**4** 50
5 90	**6** 25
7 5	**8** 1

기초 ➡ 문장제

5 %

1 (참가율)$=\frac{13}{20}=\frac{65}{100}$ ➡ 65 %

3 (이자율)$=\frac{300}{10000}=\frac{3}{100}$ ➡ 3 %

4 (승률)$=\frac{2}{4}=\frac{50}{100}$ ➡ 50 %

6 (합격률)$=\frac{6}{24}=\frac{1}{4}=\frac{25}{100}$ ➡ 25 %

8 (불량률)$=\frac{2}{200}=\frac{1}{100}$ ➡ 1 %

기초 ➡ 문장제

(할인율)$=\frac{(할인\ 금액)}{(정가)}=\frac{2000}{40000}=\frac{5}{100}$ ➡ 5 %

23~24쪽 4단원 성취도 평가

1 9, 4	**2** 5, 4 / 5, 4 / 5, 4 / 4, 5	
3 0.6	**4** 35	**5** (◯)( )
6 7 : 3	**7** 예	**8** ㉡

7 (오각형에 대각선이 그려진 그림)

9 (점을 잇는 선분 그림)

10 55

11 15 %

12 $\frac{10}{18}\left(=\frac{5}{9}\right)$

13 40 %

14 5600원

15 ㉡ 은행

5 $\frac{4}{3}$ ➡ (기준량)=3, (비교하는 양)=4

90 % ➡ $\frac{90}{100}$ ➡ (기준량)=100, (비교하는 양)=90

8 ㉠ $\frac{21}{50}=\frac{42}{100}=0.42$ ㉡ 60 % ➡ $\frac{60}{100}=0.6$

➡ 0.6>0.5>0.42이므로 비율이 가장 큰 것은 ㉡입니다.

9 •36에 대한 27의 비 ➡ $\frac{27}{36}=\frac{3}{4}=\frac{75}{100}$ ➡ 75 %

•8과 20의 비 ➡ $\frac{8}{20}=\frac{2}{5}=\frac{40}{100}$ ➡ 40 %

10 $\frac{(이동한\ 거리)}{(걸린\ 시간)}=\frac{110}{2}=55$

11 $\frac{(설탕\ 양)}{(설탕물\ 양)}=\frac{30}{200}=\frac{15}{100}$ ➡ 15 %

12 (안경을 쓰지 않은 학생 수)=28−10=18(명)

(안경을 쓴 학생 수) : (안경을 쓰지 않은 학생 수)

➡ 10 : 18 ➡ $\frac{10}{18}=\frac{5}{9}$

13 (전체 학생 수)=4+10+11=25(명)

$\frac{(책을\ 받고\ 싶어\ 하는\ 학생\ 수)}{(전체\ 학생\ 수)}=\frac{10}{25}=\frac{40}{100}$ ➡ 40 %

14 (할인 금액)$=7000\times\frac{20}{100}=1400$(원)

➡ (할인된 수박 1개의 가격)=7000−1400=5600(원)

15 (㉠ 은행의 이자율)$=\frac{1800}{60000}=\frac{3}{100}$ ➡ 3 %

(㉡ 은행의 이자율)$=\frac{1600}{40000}=\frac{4}{100}$ ➡ 4 %

➡ 3 %<4 %이므로 ㉡ 은행의 이자율이 더 높습니다.

❺ 자료와 여러 가지 그래프

25쪽 **5** 단원 기초력 집중 연습

1

2 10만, 1만   **3** 서울·인천·경기
4 대전·세종·충청

26쪽 **5** 단원 기초력 집중 연습

1 (위에서부터) 7, 4, 2, 2 / 35, 20, 10, 10
2

3

1 자료를 세어 보고, 전체 학생 수에 대한 좋아하는 분식별 학생 수의 백분율을 구합니다.

라면: $\dfrac{7}{20} \times 100 = 35$ ➡ 35 %

김밥: $\dfrac{4}{20} \times 100 = 20$ ➡ 20 %

순대: $\dfrac{2}{20} \times 100 = 10$ ➡ 10 %

기타: $\dfrac{2}{20} \times 100 = 10$ ➡ 10 %

2 백분율의 크기만큼 띠를 나누고 각 항목의 내용과 백분율을 씁니다.

3 백분율의 크기만큼 원을 나누고 각 항목의 내용과 백분율을 씁니다.

27쪽 **5** 단원 기초력 집중 연습

1 영어, 로봇과학   **2** 2배
3 40명   **4** 식빵
5 3배   **6** 18개

1 방과 후 수업 중 25 % 이상의 비율을 차지한 것은 영어(30 %), 로봇과학(25 %)입니다.

2 영어: 30 %, 미술: 15 %
➡ $30 \div 15 = 2$(배)

3 댄스 수업에 참여하는 학생 수(20 %)는 기타에 속하는 학생 수(10 %)의 $20 \div 10 = 2$(배)입니다.
➡ (댄스 수업에 참여하는 학생 수)=$20 \times 2 = 40$(명)

4 원그래프에서 가장 넓은 부분을 차지하는 빵을 찾으면 식빵입니다.

5 식빵: 36 %, 샌드위치: 11 %
➡ $36 \div 11 = 3.2 \cdots$이므로 약 3배입니다.

6 식빵 수(36 %)는 크림빵 수(18 %)의 $36 \div 18 = 2$(배)입니다.
➡ (크림빵 수)=$36 \div 2 = 18$(개)

28쪽 **5** 단원 기초력 집중 연습

1 (위에서부터) 50 / 20, 25, 15, 100
2

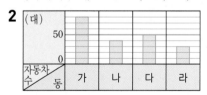

3

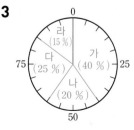

4 원그래프

1 그림그래프에서 다 동의 자동차 수는 50대입니다.

나: $\dfrac{40}{200} \times 100 = 20$ ➡ 20 %

다: $\dfrac{50}{200} \times 100 = 25$ ➡ 25 %

라: $\dfrac{30}{200} \times 100 = 15$ ➡ 15 %

2 표를 보고 자료의 수에 맞게 막대를 그려 막대그래프로 나타냅니다.

3 백분율을 구한 표를 보고 비율에 맞게 원그래프로 나타냅니다.

29~30쪽 5 단원 성취도 평가

1 35, 30, 20, 15

2

0	10	20	30	40	50	60	70	80	90	100 (%)
만화 (35 %)			예능 (30 %)			교육 (20 %)		기타 (15 %)		

3 만화 **4** 2배

5 45, 25, 20, 10

6

설악산	한라산
지리산	기타

☺100명 ☺10명

7

기타 (10 %)
지리산 (20 %)
설악산 (45 %)
한라산 (25 %)

8 설악산
9 6학년
10 운동장
11 40 %
12 ㉠

13 675 kg
14 예 점점 줄어들고 있습니다.
15 600표

1 만화: $\dfrac{140}{400} \times 100 = 35$ ➡ 35 %

예능: $\dfrac{120}{400} \times 100 = 30$ ➡ 30 %

교육: $\dfrac{80}{400} \times 100 = 20$ ➡ 20 %

기타: $\dfrac{60}{400} \times 100 = 15$ ➡ 15 %

3 띠그래프에서 길이가 가장 긴 부분을 찾으면 만화입니다.

4 예능: 30 %, 기타: 15 %
➡ $30 \div 15 = 2$(배)

5 설악산: $\dfrac{270}{600} \times 100 = 45$ ➡ 45 %

한라산: $\dfrac{150}{600} \times 100 = 25$ ➡ 25 %

지리산: $\dfrac{120}{600} \times 100 = 20$ ➡ 20 %

기타: $\dfrac{60}{600} \times 100 = 10$ ➡ 10 %

7 백분율의 크기만큼 원을 나누고 각 항목의 내용과 백분율을 씁니다.

8 원그래프에서 가장 넓은 부분을 차지하는 산을 찾으면 설악산입니다.

9 원그래프에서 가장 좁은 부분을 차지하는 학년을 찾으면 6학년입니다.

10 막대그래프에서 막대가 가장 긴 장소를 찾으면 운동장입니다.

11 (2시간 이상 4시간 미만)
=(2시간 이상 3시간 미만)＋(3시간 이상 4시간 미만)
＝25＋15＝40 ➡ 40 %

12 ㉠ 꺾은선그래프
㉡ 띠그래프, 원그래프
㉢ 막대그래프, 그림그래프

13 $900 \times \dfrac{75}{100} = 675$ (kg)

14 29 %, 25.3 %, 18.2 %, 15.1 %로 비율이 점점 줄어들고 있습니다.

평가 기준
비율이 줄어들고 있다고 답했으면 정답으로 합니다.

15 전체 득표수(100 %)는 나린이의 득표수(20 %)의 $100 \div 20 = 5$(배)입니다.
➡ (전체 득표수)＝$120 \times 5 = 600$(표)

6 직육면체의 부피와 겉넓이

| 31쪽 | **6** 단원 문장으로 이어지는 **기초** 학습 |

1 가   **2** 나
3 나   **4** 가
5 32 cm³   **6** 24 cm³   **7** 36 cm³

기초 → 문장제

75 cm³

1 두 직육면체의 가로와 세로가 같으므로 높이가 더 높은 직육면체의 부피가 더 큽니다.
➡ 가>나

2 두 직육면체의 세로와 높이가 같으므로 가로가 더 긴 직육면체의 부피가 더 큽니다.
➡ 가<나

3 가: 한 층에 $2 \times 4 = 8$(개)씩 3층이므로 $8 \times 3 = 24$(개) 입니다.
   나: 한 층에 $2 \times 5 = 10$(개)씩 2층이므로
      $10 \times 2 = 20$(개)입니다.
➡ 24개>20개이므로 나의 부피가 더 작습니다.

5 한 층에 $4 \times 4 = 16$(개)씩 2층이므로
   $16 \times 2 = 32$(개)입니다. ➡ 32 cm³

6 한 층에 $6 \times 2 = 12$(개)씩 2층이므로
   $12 \times 2 = 24$(개)입니다. ➡ 24 cm³

7 한 층에 $4 \times 3 = 12$(개)씩 3층이므로
   $12 \times 3 = 36$(개)입니다. ➡ 36 cm³

기초 → 문장제

쌓기나무가 $15 \times 5 = 75$(개)이므로 직육면체의 부피는 75 cm³입니다.

| 32쪽 | **6** 단원 문장으로 이어지는 **기초** 학습 |

1 10, 4, 3, 120   **2** 8, 8, 8, 512
3 24 cm³   **4** 576 cm³   **5** 1200 cm³
6 216 cm³   **7** 729 cm³   **8** 1331 cm³

기초 → 문장제

400 cm³

1 (직육면체의 부피)=(가로)×(세로)×(높이)

2 (정육면체의 부피)
   =(한 모서리의 길이)×(한 모서리의 길이)
      ×(한 모서리의 길이)

3 $4 \times 2 \times 3 = 24$ (cm³)

4 $8 \times 6 \times 12 = 576$ (cm³)

5 $20 \times 10 \times 6 = 1200$ (cm³)

6 $6 \times 6 \times 6 = 216$ (cm³)

7 $9 \times 9 \times 9 = 729$ (cm³)

8 $11 \times 11 \times 11 = 1331$ (cm³)

기초 → 문장제

$5 \times 10 \times 8 = 400$ (cm³)

| 33쪽 | **6** 단원 문장으로 이어지는 **기초** 학습 |

1 2000000   **2** 9000000
3 4700000   **4** 3100000
5 3   **6** 7
7 8.5   **8** 1.6
9 24000000, 24   **10** 12000000, 12
11 324000000, 324   **12** 87500000, 87.5

기초 → 문장제

36 m³

1~8 1 m³=1000000 cm³임을 이용합니다.

9 $600 \times 200 \times 200 = 24000000$ (cm³) ➡ 24 m³

10 100 cm=1 m입니다.
   $3 \times 4 \times 1 = 12$ (m³) ➡ 12000000 cm³

11 900 cm=9 m, 1200 cm=12 m입니다.
   $9 \times 12 \times 3 = 324$ (m³) ➡ 324000000 cm³

12 500 cm=5 m입니다.
   $7 \times 2.5 \times 5 = 87.5$ (m³) ➡ 87500000 cm³

기초 → 문장제

150 cm=1.5 m이므로
(직육면체의 부피)=3×8×1.5=36 (m³)입니다.

34쪽 6단원 문장으로 이어지는 기초 학습

1 12, 21, 61, 122   **2** 4, 4, 96
3 108 cm²   **4** 190 cm²
5 600 cm²   **6** 150 cm²
7 384 cm²   **8** 1176 cm²

기초 → 문장제

158 cm²

---

3 (4×3+4×6+3×6)×2=108 (cm²)

4 (10×5+10×3+5×3)×2=190 (cm²)

5 (18×8+18×6+8×6)×2=600 (cm²)

6 5×5×6=150 (cm²)

7 8×8×6=384 (cm²)

8 14×14×6=1176 (cm²)

기초 → 문장제

(3×8+8×5+3×5)×2=158 (cm²)

35~36쪽 6단원 성취도 평가

1 60 cm³   **2** 343 cm³
3 360 cm³
4 (1) 6400000 (2) 85
5 나   **6** 432 cm²
7 148 cm²   **8** <
9 ㉠   **10** 8400000, 8.4
11 7   **12** 64 cm³
13 486 cm²   **14** 82 cm²
15 512 cm³

1 4×5×3=60(개) ➡ 60 cm³

2 (정육면체의 부피)=7×7×7=343 (cm³)

---

3 (직육면체의 부피)=12×5×6=360 (cm³)

4 1 m³=1000000 cm³임을 이용합니다.

5 가: 2×2×5=20(개)
   나: 3×3×3=27(개)
   ➡ 20개<27개이므로 나의 부피가 더 큽니다.

6 (직육면체의 겉넓이)
   =(12×6+12×8+6×8)×2
   =216×2=432 (cm²)

다른 풀이
(직육면체의 겉넓이)=(12×6)×2+(12+6+12+6)×8
                =144+288=432 (cm²)

7

   ➡ (직육면체의 겉넓이)
      =(5×4)×2+(5+4+5+4)×6
      =40+108=148 (cm²)

8 8100000 cm³=8.1 m³ ➡ 8.1 m³<80 m³

9 ㉠ 6×6×6=216 (cm³)
   ㉡ 80×4=320 (cm³)
   ➡ ㉠ 216 cm³<㉡ 320 cm³

10 300 cm=3 m이므로
    (부피)=2×3×1.4=8.4 (m³) ➡ 8400000 cm³

11 8×□×12=672, 96×□=672, □=7 (cm)

12 4×4=16이므로 한 모서리의 길이는 4 cm입니다.
    ➡ (정육면체의 부피)=4×4×4=64 (cm³)

13 정육면체의 여섯 면은 크기가 모두 같은 정사각형이므로 (한 모서리의 길이)=36÷4=9 (cm)입니다.
    ➡ (상자의 겉넓이)=9×9×6=486 (cm²)

14 (가의 겉넓이)=(10×5+10×15+5×15)×2
               =275×2=550 (cm²)
    (나의 겉넓이)=(12×9+12×6+9×6)×2
               =234×2=468 (cm²)
    ➡ 550-468=82 (cm²)

15 여섯 면이 모두 합동이므로 한 모서리의 길이는
    24÷3=8 (cm)입니다.
    ➡ (만든 상자의 부피)=8×8×8=512 (cm³)